职业技术教育课程改革规划教材
光电技术应用技能训练系列教材

光电子产品装配技能训练

GUANG DIANZI CHANPIN ZHUANGPEI JINENG XUNLIAN

主　编　胡　峥
副主编　肖贤勇　蒋球峰
参　编　芮　俊　周仕林
主　审　唐霞辉

華中科技大學出版社
http://www.hustp.com
中国·武汉

内容简介

本书依据中等职业学校光电类专业的教学标准，参照《国家职业标准》和《职业技能鉴定规范》编写而成。本书采用理实一体的教学模式编写，以典型的光电子产品为载体，突出实用性和工艺性，以实际操作为主、以理论为辅，对接光电子企业相关生产标准，易学易懂。

本书的编写充分考虑了中职学生的认知特点，设计了充电小台灯、声光控节能灯、流水灯制作、光幻广州塔、旋转LED显示屏和手机控制智能小车等六个实训项目，按照由易到难、螺旋递进的顺序介绍了光电子产品的手工装配和调试方法，体现了新器件、新工艺、新技术、新方法的知识应用。

本书既可作为中等职业学校光电类专业的教材，也可作为相关专业从业人员的岗位培训、考证或光电子爱好者自学的教材。

图书在版编目(CIP)数据

光电子产品装配技能训练/胡峥主编. —武汉：华中科技大学出版社，2018.9（2022.2 重印）
职业技术教育课程改革规划教材. 光电技术应用技能训练系列教材
ISBN 978-7-5680-4621-3

Ⅰ.①光…　Ⅱ.①胡…　Ⅲ.①光电器件-装配(机械)-中等专业学校-教材　Ⅳ.①TN15

中国版本图书馆CIP数据核字(2018)第224714号

光电子产品装配技能训练
Guangdianzi Chanpin Zhuangpei Jineng Xunlian
胡　峥　主编

策划编辑：王红梅
责任编辑：刘艳花
封面设计：秦　茹
责任校对：曾　婷
责任监印：赵　月
出版发行：华中科技大学出版社(中国·武汉)　电话：(027)81321913
　　　　　武汉市东湖新技术开发区华工科技园　邮编：430223
录　　排：武汉市洪山区佳年华文印部
印　　刷：武汉科源印刷设计有限公司
开　　本：787mm×1092mm　1/16
印　　张：10.5
字　　数：254千字
版　　次：2022年2月第1版第3次印刷
定　　价：32.80元

职业技术教育课程改革规划教材——光电技术应用技能训练系列教材

编审委员会

序　言

激光及光电技术在国民经济的各个领域的应用越来越广泛，中国激光及光电产业在近十年得到了飞速发展，成为我国高新技术产业发展的典范。2017 年，激光及光电行业从业人数超过 10 万人，其中绝大部分员工从事激光及光电设备制造、使用、维修及服务等岗位的工作，需要掌握光学、机械、电气、控制等多方面的专业知识，需要具备综合、熟练的专业技术技能。但是，激光及光电产业技术技能型人才培养的规模和速度与人才市场的需求相去甚远，这个问题引起了教育界，尤其是职业教育界的广泛关注。为此，中国光学学会激光加工专业委员会在 2017 年 7 月 28 日成立了中国光学学会激光加工专业委员会职业教育工作小组，希望通过这样一个平台将激光及光电行业的企业与职业院校紧密对接，为我国激光和光电产业技术技能型人才的培养提供重要的支撑。

我高兴地看到，职业教育工作小组成立以后，各成员单位围绕服务激光及光电产业对技术技能型人才培养的要求，加大教学改革力度，在总结、整理普通理实一体化教学的基础上，开始构建以激光及光电产业职业活动为导向、以校企合作为基础、以综合职业能力培养为核心，将理论教学与技能操作融会贯通的一体化课程体系，新的教学体系有效提高了技术技能型人才培养的质量。华中科技大学出版社组织国内开设激光及光电专业的职业院校的专家、学者，与国内知名激光及光电企业的技术专家合作，共同编写了这套职业技术教育课程改革规划教材——光电技术应用技能训练系列教材，为构建这种一体化课程体系提供了一个很好的典型案例。

我还高兴地看到，这套教材的编者，既有职业教育阅历丰富的职业院校老师，还有很多来自激光和光电行业龙头企业的技术专家及一线工程师，他们把自己丰富的行业经历融入这套教材里，使教材能更准确体现“以职业能力为培养目标，以具体工作任务为学习载体，按照工作过程和学习者自主学习要求设计和安排教学活动、学习活动”的一体化教学理念。所以，这套打着激光和光电行业龙头企业烙印的教材，首先呈现了结构清晰完整的实际工作过程，系统地介绍了工作过程相关知识，具体解决了做什么、怎么做的工作问题，同时又基于学生的学习过程设计了体系化的学习规范，具体解决学什么、怎么学、为什么这么做、如何做得更好的问题。

一体化课程体现了理论教学和实践教学融通合一、专业学习和工作实践学做合一、能力培养和工作岗位对接合一的特征，是职业教育专业和课程改革的亮点，也是一个十分辛苦的工作，我代表中国光学学会激光加工专业委员会对这套教材的出版表示衷心祝贺，希望写出更多的此类教材，全方位满足激光及光电产业对技术技能型人才的要求，同时也希望本套丛书的编者们悉心总结教材编写经验，争取使之成为广受读者欢迎的精品教材。

中国光学学会激光加工专业委员会主任

二〇一八年七月二十八日

前　言

为贯彻《国务院关于大力发展职业教育的决定》精神，落实《国务院办公厅关于深化产教融合的若干意见》中"深化产教融合，促进教育链、人才链与产业链、创新链有机衔接"的迫切要求，由华中科技大学出版社牵头，编者通过社会调研、对职业学校光电类毕业生的就业分析和课题研究，在光电行业企业有关技术人员的积极参与下，结合中职光电类相关专业学生的基本情况，以《中等职业学校专业教学标准（试行）》为依据，参考国家人力资源和社会保障部颁布实施的《国家职业标准》和《职业技能鉴定规范》，编写了本书。

本书采用理实一体的教学模式编写，以典型的光电子产品为载体，突出实用性和工艺性，以实际操作为主，以理论为辅，对接光电子企业相关生产标准，易学易懂，既强调基础，又力求实现教学内容与现代企业职业标准相对接，与国家职业技能鉴定相结合，强化学生技能的培养，突出"做中学、做中教"的职业教育教学特点。

本书的编写充分考虑中职学生的认知特点，设计了充电小台灯、声光控节能灯、流水灯制作、光幻广州塔、旋转 LED 显示屏和手机控制智能小车等六个实训项目，按照由易到难、螺旋递进的顺序介绍了光电子产品的手工装配和调试方法，体现了新器件、新工艺、新技术、新方法的知识应用。

本书图文并茂，通俗易懂，遵循中职学生学习的特点，将技能训练、技术学习与理论知识有机结合，便于学生系统学习和掌握。

本书遵循技能人才培养规律，整体规划、统筹安排，构建服务于中高职衔接、职业教育与普通教育相互融通的现代化职业教育的教材体系。建议本书教学学时为 96 学时，采用项目式模块结构，可根据学生的学制和专业情况灵活取舍教学内容，各实训的参考教学学时见下表。

	教学内容	学时分配		
		理论	实训	合计
实训项目 1	充电小台灯	4	4	8
实训项目 2	声光控节能灯	4	4	8
实训项目 3	流水灯制作	4	4	8
实训项目 4	光幻广州塔	4	10	14
实训项目 5	旋转 LED 显示屏	8	14	22
实训项目 6	手机控制智能小车	12	24	36
合计		36	60	96

本书由武汉市仪表电子学校的特级教师胡峥担任主编并负责全书的统稿工作。武汉市仪表电子学校的肖贤勇老师、武汉市黄陂区职业技术学校的蒋球峰老师担任副主编。其中，

实训项目1、2、3由蒋球峰编写；实训项目4由武汉市仪表电子学校的芮俊老师编写；实训项目5由肖贤勇编写；实训项目6由武汉市仪表电子学校的周仕林老师编写。

本书的编写得到了武汉天之逸科技有限公司的大力支持，企业的生产管理人员和技术人员在本书的编写过程中提供了技术支持和技能审定，为本书的顺利出版做了突出贡献，在此一并表示诚挚的感谢！

由于编者水平有限，书中难免存在错误和不妥之处，恳请广大读者批评指正。

编 者

2018年6月

目　录

实训项目 1

充电小台灯

现今社会，越来越关注环境的保护。从白炽灯到节能灯，再到最新型的无电照明，人们在照明设备的节能方面下了不少功夫。下面来了解一款简单的充电LED小台灯。充电小台灯个头小巧、方便携带、电路相对简单，采用发光二极管（light emitting diode，LED）作为光源，外接220 V交流电，可以蓄电，在不插电的情况下可继续使用3～5小时。

学习目标

知识目标

（1）掌握充电小台灯的制作流程。

（2）理解充电小台灯的电路结构和原理。

（3）了解LED发光二极管、充电电池的特点和功能。

技能目标

（1）能够识别元器件并判断其好坏。

（2）能够按IPC工艺要求焊接元器件。

（3）能够依照作业指导书装配充电小台灯。

（4）能够根据要求调试充电小台灯。

职业素养目标

（1）在操作前检查安全措施。

（2）能够安全使用焊接设备及安装工具进行产品的装配。

（3）规范使用仪器、仪表。

任务一 认识电路

1. 充电小台灯简介

充电小台灯方便携带，作为夜灯使用很方便，如图 1-1 所示。

充电小台灯将 220 V 交流电经降压整流转化成直流电，一方面驱动发光二极管发光，另一方面给充电电池充电。充电小台灯的电路主要由充电电路和照明电路组成。充电小台灯电路方框图如图 1-2 所示。

图 1-1 充电小台灯

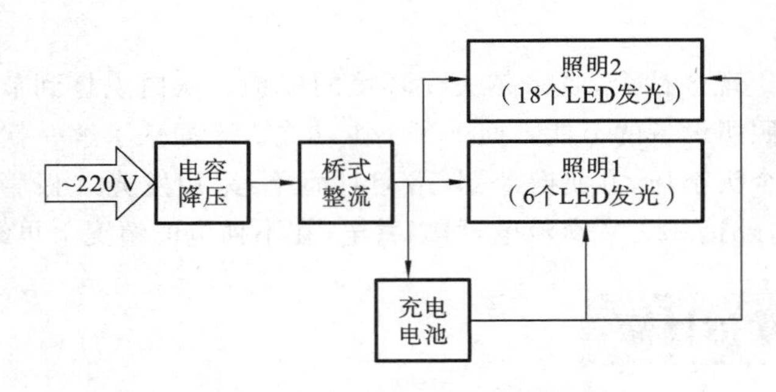

图 1-2 充电小台灯电路方框图

2. 充电小台灯原理

1）电源及充电电路

充电小台灯电源及充电电路如图 1-3 所示。

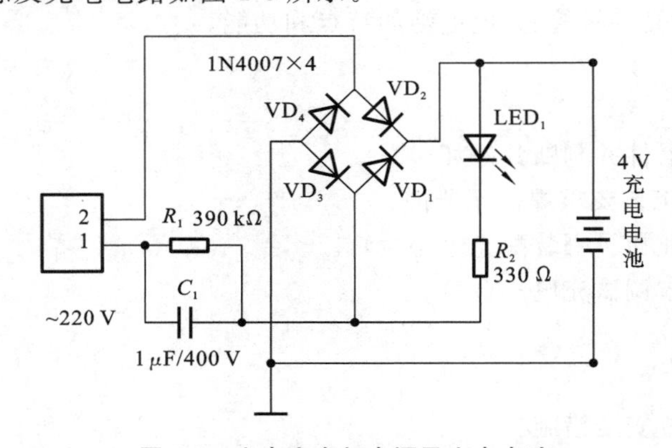

图 1-3 充电小台灯电源及充电电路

220 V 交流电经电容 C_1、电阻 R_1 降压后约为 6 V 交流电，再经由二极管 VD_1～VD_4 组成的桥式整流电路，将交流电转化成单向脉动的直流电，对充电电池充电。电源断开时，电阻 R_1 为电容 C_1 的释放电阻，电阻 R_2 和发光二极管 LED_1 组成充电指示电路。

2）照明电路

充电小台灯照明电路如图 1-4 所示。

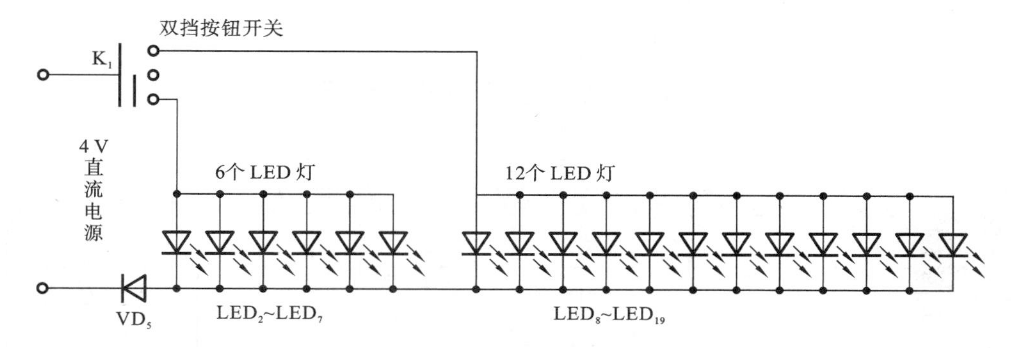

图 1-4　充电小台灯照明电路

通过按钮开关 K_1 可以选择在三种情况之间转换：6 个 LED 灯、18 个 LED 灯、关灯。当充电电池充好电后，可以断开 220 V 交流电源，由充电电池向照明电路提供电源。

3. 充电小台灯电路

充电小台灯电路如图 1-5 所示。

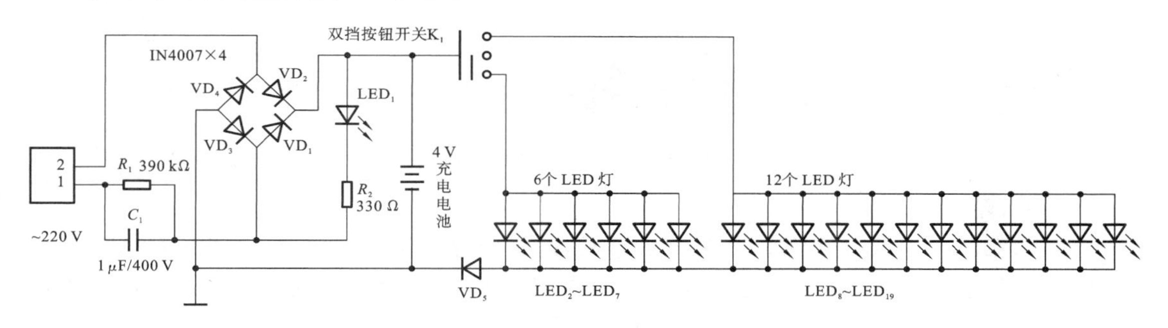

图 1-5　充电小台灯电路

任务二　元器件的识别与检测

充电小台灯电路包括的主要元器件有电阻、电容、开关、整流二极管和发光二极管等，下面介绍这些元器件的识别与检测方法。

1. 电阻的识别与检测

电阻的种类很多，电子设备中应用最常见的电阻是色环电阻，色环电阻的外形及电路符号如图 1-6 所示。

1）色环电阻的外观

在色环电阻的表面有四条或五条带颜色的环，用来表示标称阻值和允许偏差，每种颜色代表不同的数字，如图 1-7 所示。

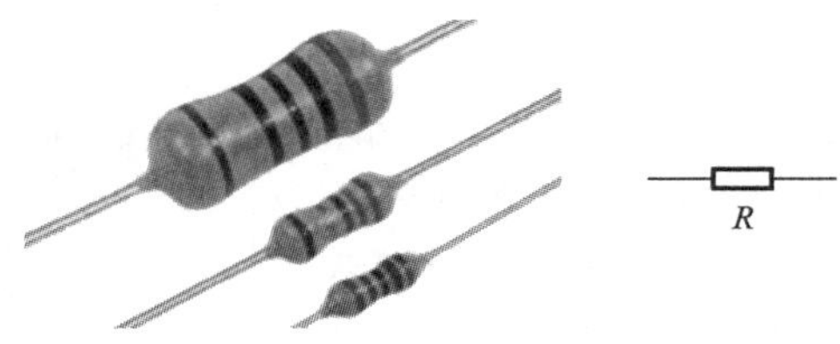

图 1-6　色环电阻的外形及电路符号

色环电阻分为四环电阻和五环电阻。

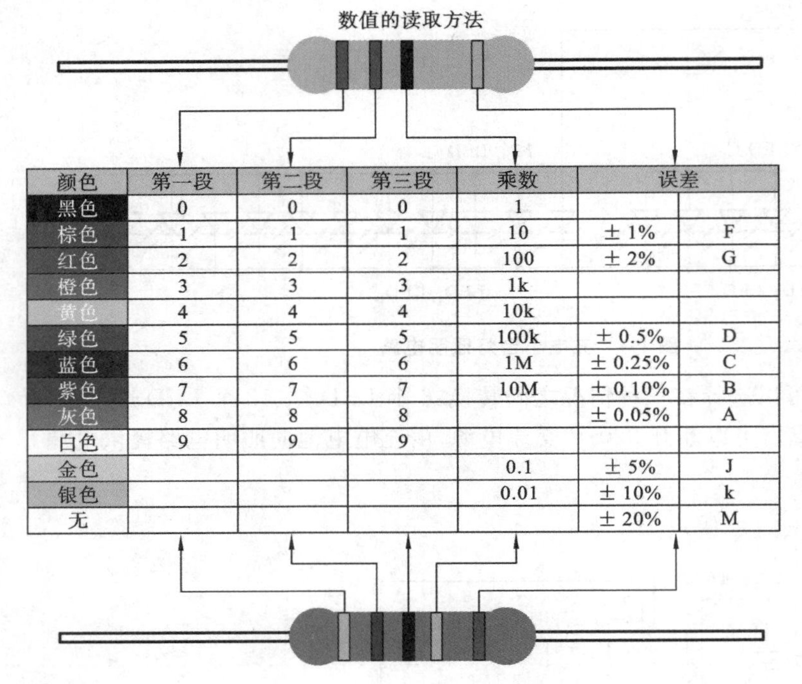

数值的读取方法

颜色	第一段	第二段	第三段	乘数	误差	
黑色	0	0	0	1		
棕色	1	1	1	10	± 1%	F
红色	2	2	2	100	± 2%	G
橙色	3	3	3	1k		
黄色	4	4	4	10k		
绿色	5	5	5	100k	± 0.5%	D
蓝色	6	6	6	1M	± 0.25%	C
紫色	7	7	7	10M	± 0.10%	B
灰色	8	8	8		± 0.05%	A
白色	9	9	9			
金色				0.1	± 5%	J
银色				0.01	± 10%	k
无					± 20%	M

助记口诀：
黑 0（黑铃），
棕 1（中医），
红 2（红孩儿），
橙 3（衬衫），
黄 4（皇室），
绿 5（入伍），
蓝 6（烂肉），
紫 7（志气），
灰 8（飞吧），
白 9（白酒）。

图 1-7　色环电阻颜色对照

（1）四环电阻。

第一、第二环表示有效数字，第三环表示乘数，第四环表示允许偏差。例如，有电阻色环为黄紫橙金，前两环表示有效数字 47，第三环表示乘数，即 10 的 3 次方，电阻值为 47×1000＝47 (kΩ)，最后一环金色表示该电阻允许偏差为±5%。

（2）五环电阻。

第一、二、三环表示有效数字，第四环表示乘数，第五环表示允许偏差。例如，有电阻色环为绿棕黑红棕，前三环表示有效数字 510，第四环表示乘数 10 的 2 次方，电阻值为 510×100＝51 (kΩ)，最后一环棕色表示该电阻允许偏差为±1%。

2）用万用表测量电阻值

万用表有很多的种类，主要分为数字型万用表和指针型万用表，本书以指针型万用表为例。电阻值测量的操作步骤如表 1-1 所示。

表 1-1　电阻值测量的操作步骤

步骤	说明	图示	注意
1	机械调零：用平口起子调节机械调零旋钮，使万用表指针指向零刻度线	指针指向0 机械调零	新买的或经过维修的万用表第一次使用前需要进行机械调零

续表

步骤	说明	图示	注意
2	选择倍率：估计电阻值，选出合适的倍率	选择倍率×100	如果没有办法估计电阻值，可以暂时将万用表置于 $R\times100$ 挡
3	欧姆调零：将两表笔短接，调整欧姆挡零位调整旋钮，使表针指向电阻刻度线右端的零位	指针指向第一条刻度线 欧姆调零旋钮	若指针无法调到零点，说明表内电池电压不足，应更换电池
4	测量电阻：用两表笔分别接触被测电阻的两根引脚进行测量		两只手不能同时接触两根表笔的金属杆或被测电阻的两根引脚，最好用右手同时持两根表笔
5	读数：读出欧姆刻度线（表盘上第一条刻度线）上指针所指的数值，再乘以倍率（$R\times100$ 挡应乘 100，$R\times1\text{k}$ 挡应乘 1000……），就是被测电阻的阻值	观察第一条刻度线，可知为20 倍率×100 阻值＝刻度值×倍率＝20×100＝2000(Ω)	为使测量较为准确，测量时应使指针指在刻度线中心位置附近。若指针偏角较小，应换用 $R\times1\text{k}$ 挡，若指针偏角较大，应换用 $R\times10$ 挡或 $R\times1$ 挡。每次换挡后，应再次调整欧姆调零旋钮，然后再测量
6	测量结束后，将选择开关置于交流电压最大挡位	交流最大挡	如果长时间不使用万用表，应将表中电池取出

2. 电容的识别与检测

电容器简称电容，是一种能储存和释放电能的元器件。一些常见的电容及电容电路符号如图 1-8 所示。

1）电容器主要参数的识读

电容的基本单位是 F（法），此外还有 μF（微法）、nF（纳法）和 pF（皮法）。由于电容 F 的

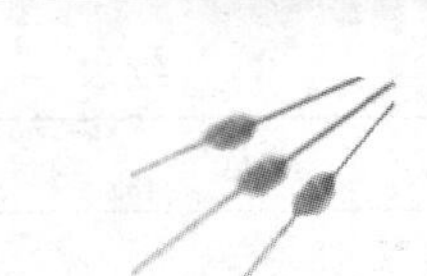
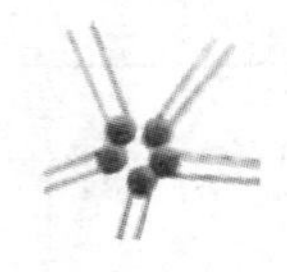

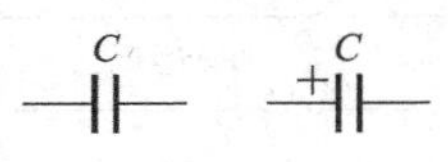

(a) 独石电容 (b) 瓷片电容 (c) 涤纶电容 (d) 电解电容 (e) 电容电路符号

图 1-8 常见的电容及电容电路符号

容量非常大，所以一般都是以 μF、nF、pF 为单位，而不是以 F 为单位。电容各单位之间的换算方法如下：

$1\ \mathrm{F}=10^{6}\ \mu\mathrm{F}=10^{9}\ \mathrm{nF}=10^{12}\ \mathrm{pF}$

$1\ \mu\mathrm{F}=10^{3}\ \mathrm{nF}=10^{6}\ \mathrm{pF}$

$1\ \mathrm{pF}=10^{-3}\ \mathrm{nF}=10^{-6}\ \mu\mathrm{F}$

电容器一般都标注了电容量的大小，部分体积较大的电容器还标注了耐压值等参数，电解电容器还标注了正负极引脚。常见的电容量表示方法有以下四种。

(1) 直接标注法。

一般用 1～4 位数字表示标称容量。当数字部分大于 1 时，单位为皮法(pF)，如 3300 表示 3300pF，680 表示 680pF，7 表示 7pF；当数字部分大于 0 小于 1 时，其单位为微法(μF)，如 0.056 表示 0.056 μF；当个位数为数字 0 时，也有将个位上的数字 0 省略掉的，如.47 表示 0.47 μF；若个位与第一位小数都为 0，有时也将个位上的 0 和小数点一起省略掉，如 033 表示 0.033 μF。

(2) 数字字母法。

一般用 2～4 位数字和一个字母表示标称容量，其中数字表示有效数值，字母表示数值的单位。字母有时既表示单位也表示小数点。例如，47n 表示 47nF，3μ3 表示 3.3 μF，5n6 表示 5.6 nF，μ22 表示 0.22 μF，36p 表示 36 pF。

(3) 数码标注法。

一般用三位数字表示容量的大小，前面两位数字为电容器标称容量的有效数字，第三位数字表示有效数字后面的零的个数，单位为 pF。例如，102 表示 $10\times10^{2}=1000$ pF；334 表示 $33\times10^{4}=330000$ pF$=0.33$ μF。

(4) 色环标注法。

用不同的颜色表示不同的数字，其颜色和识别方法与电阻色码表示法一样，单位为皮法(pF)。

2) 用万用表判断电容质量

常用的指针型万用表不能测量出电容的实际容量，但是可以检测电容质量的好坏，下面以指针型万用表为例来学习怎样用指针型万用表判断电容的质量。以电解电容为例进行质量检测，具体步骤如表 1-2 所示。

表 1-2 电容质量的检测操作步骤

步骤	说明	图示	注意
1	选用万用表电阻挡	—	—

续表

步骤	说明	图示	注意
2	电阻挡倍率选择：选用 $R\times1$ k 或 $R\times10$ k 挡，并进行欧姆调零	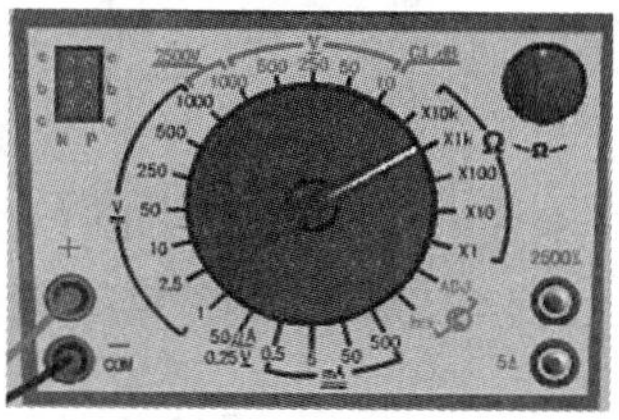	一般大于 0.01 μF 的电容选择 $R\times1$ k 挡位，小于 0.01 μF 的电容选择 $R\times10$ k 挡位
3	电容测量前放电：将电容器两根引脚接触一下，或用导体将两根引脚短路一下，达到放电效果		电容在测量前应先放电，以免影响测量结果
4	测量：用两根表笔分别接触被测电容两根引脚进行测量。若是电解电容，则黑表笔接正引脚，红表笔接负引脚	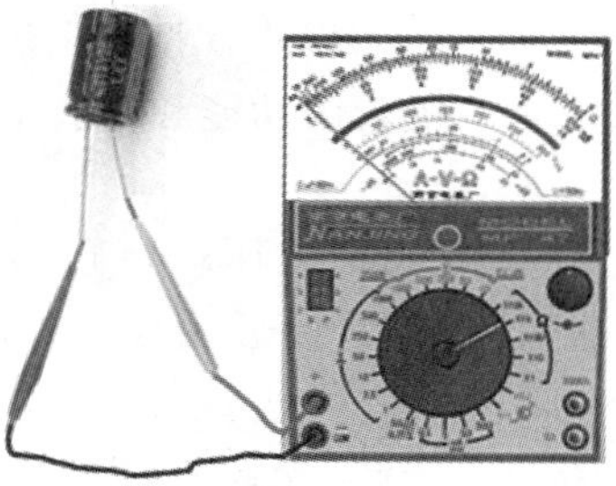	两只手不能同时接触两根表笔的金属杆或被测电容的两根引脚，最好用右手同时持两根表笔
5	看指针的偏转：大于 0.01 μF 的电容，指针首先朝右（顺时针方向）摆动，然后又慢慢地向左回归至“∞”位置；小于 0.01 μF 的电容，红、黑表棒分别接电容器的两根引脚，在表棒接通的瞬间，应能见到表针有一个很小的摆动过程		若表笔接通瞬间，指针摆动至“0”附近，则判断电容击穿或严重漏电；若表笔接通瞬间，指针摆动后不再回到无穷大的位置，则判断电容漏电
6	测量结束后，应拔出表笔，将选择开关置于“OFF”挡或交流电压最大挡位	—	如果长时间不使用万用表，应将表中电池取出

3. 二极管识别与检测

二极管是一种常见的半导体元器件，可根据其功能进行分类，主要分为普通二极管、稳压二极管和发光二极管等，常用二极管及电路符号如图 1-9 所示。

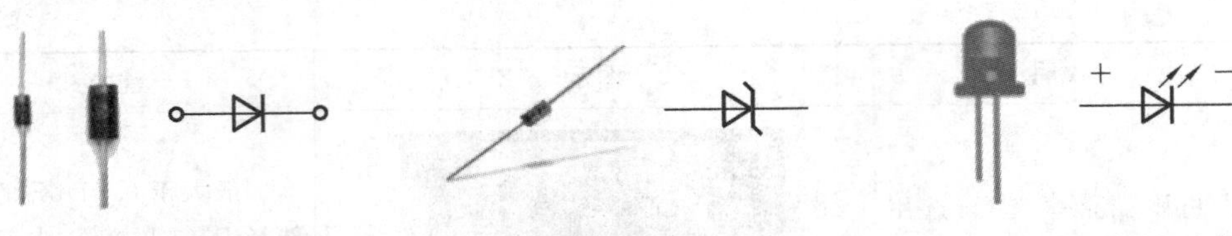

（a）普通二极管及电路符号　（b）稳压二极管及电路符号　（c）发光二极管及电路符号

图 1-9　常用二极管及电路符号

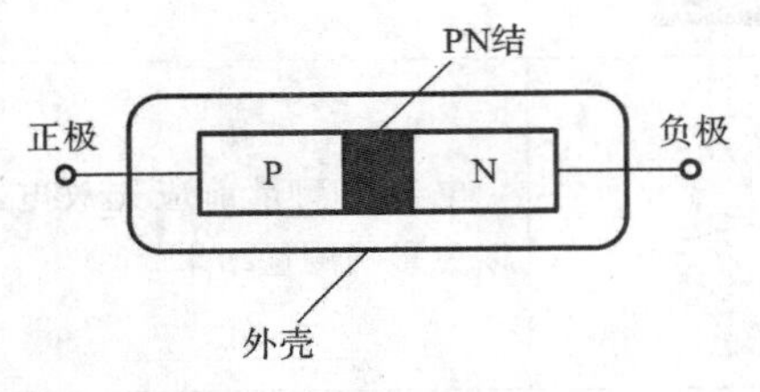

图 1-10　二极管结构示意图

1）二极管的结构

如图 1-10 所示，由一个具有单向导电性的 PN 结加上两条电极引线做成管芯，从 P 区引出的电极作为正极，从 N 区引出的电极作为负极，并且用塑料、玻璃或金属等材料作为管壳封装起来，就构成了二极管。

2）二极管的检测

以指针型万用表为例，说明怎样检测普通二极管、稳压二极管和发光二极管。这三种二极管因功能和构造不同，检测的方法也略有不同。

（1）普通二极管的检测。

普通二极管具有单向导电性，即加正向电压就导通，加反向电压就截止。能正常导通的二极管正向电阻较小，而反向电阻却很大，接近无穷大。普通二极管的检测操作步骤，如表 1-3 所示。

表 1-3　普通二极管的检测操作步骤

步骤	说明	图示	注意
1	通过外观判断正负极性	正　负	二极管表面有银色环的一端为负极
2	测量正向电阻：可选择 $R\times100$ 或 $R\times1$ k 挡位，并进行欧姆调零	—	有些小电流、低电压的二极管，不能选择 $R\times1$ 和 $R\times10$ k 挡位，以避免测量时过大的电流、电压损坏二极管
3	测量正向电阻：红表笔接二极管负极，黑表笔接二极管正极		黑表笔与万用表内部电池的正极相连，所以在测正向电阻时应将黑表笔与二极管正极相连
4	测量正向电阻：观察测量值并读数	—	选取的挡位不一样，读出来的最终阻值也不一样

续表

步骤	说明	图示	注意
5	测量反向电阻:选择与测正向电阻同样的挡位,红表笔接二极管正极,黑表笔接二极管负极,观察测量值并读数		大多数二极管的反向电阻趋于无穷大,如果测得二极管有较大的反向电阻,说明二极管有轻微的漏电
6	测量结束,判断二极管质量	—	测量正向电阻时万用表指针有较大偏转,测量反向电阻时指针指向无穷大,则证明该二极管性能良好

注意:若测得正向电阻无穷大,则说明二极管内部断路;若测得反向电阻接近零,则说明二极管内部短路。内部断路、短路或者漏电过大的二极管均不能使用。

(2) 发光二极管的检测。

发光二极管因其制造材料的特殊性,工作电压比普通二极管大,且外形上较其他种类二极管更为特殊,所以发光二极管的测量与普通二极管有区别。发光二极管的检测操作步骤如表1-4所示。

表1-4 发光二极管的检测操作步骤

步骤	说明	图示	质量判断
1	通过外观判断正负极性	正 负	没有使用过的发光二极管,长引脚为正极,短引脚为负极
2	挡位:选择 $R\times10$ k,并进行欧姆调零		因为普通发光二极管的工作电压均在1.5 V以上,$R\times10$ k以下挡位的电压过低不能使其导通,所以测量发光二极管时要用 $R\times10$ k挡
3	测量正向电阻与反相电阻:与普通二极管的检测步骤相同	—	—
4	测量结束,判断发光二极管质量	—	若正向电阻值约为10~20 kΩ,反向电阻值为250 kΩ~∞,则发光二极管性能良好

注意：若测得正向电阻无穷大（选择 $R\times10$ k 挡位），则说明发光二极管内部断路；若测得反向电阻接近零，则说明发光二极管内部短路。

（3）稳压二极管的检测。

稳压二极管外形上与普通二极管相似，一般通过型号来区别，稳压二极管一般工作在反向击穿区，因此其反向电阻的测量与普通二极管也有区别。稳压二极管的检测操作步骤如表 1-5 所示。

表 1-5 稳压二极管的检测操作步骤

步骤	说明	图示	注意
1	通过外观判断正负极性	正 负	表面有黑色环的一端为负极
2	测量正向电阻：选择 $R\times100$ 或 $R\times1$ k 挡位，并进行欧姆调零	—	稳压二极管的正向特性与普通二极管相同
3	测量正向电阻：红表笔接二极管负极，黑表笔接二极管正极		黑表笔与万用表内部电池的正极相连，所以在测正向电阻时将黑表笔与二极管正极相连
4	测量正向电阻：观察测量值并读数	—	选取的挡位不一样，读出来的最终阻值也不一样
5	测量反向电阻：可以选用不同的挡位，红表笔接二极管正极，黑表笔接二极管负极，观察测量值并读数		当万用表所选电阻挡位的电池电压低于稳压二极管的反向击穿电压时，稳压二极管的反向特性与普通二极管相同；当万用表所选电阻挡位的电池电压高于稳压二极管的反向击穿电压时，稳压二极管的反向电阻会比较小
6	测量结束，判断二极管质量	—	测量正向电阻时万用表指针有较大偏转，测量反向电阻时万用表指针可能指向无穷大，也可能有偏转。根据反向偏转的情况并结合万用表使用的挡位，大致判断稳压二极管的稳压值

4. 开关的识别与检测

开关是一种控制器件，用于控制电路的接通和断开，实现电路工作状态的转换。

开关的工作原理是让两段导体接触时电路导通，分离时电路断开。

1）常见开关

开关在电路原理图中通常用S表示。常见开关及电路符号如图1-11所示。

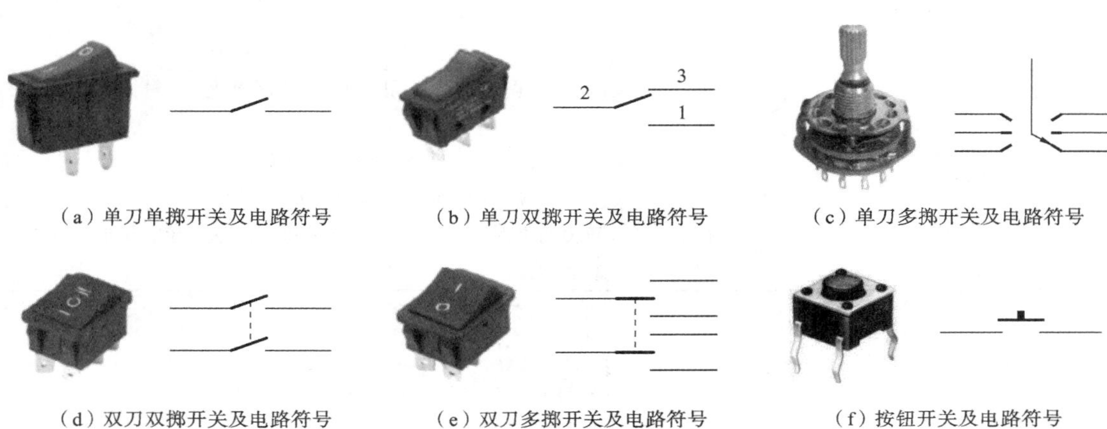

（a）单刀单掷开关及电路符号　（b）单刀双掷开关及电路符号　（c）单刀多掷开关及电路符号

（d）双刀双掷开关及电路符号　（e）双刀多掷开关及电路符号　（f）按钮开关及电路符号

图1-11　常见开关及电路符号

2）开关的检测

对开关的质量检测，采用一看二测，分两步进行。

一看：认真观察开关是否存在引脚相碰，或者引脚断裂的现象。

二测：开关接通时，两个触点的阻值应该低于1 Ω；开关断开时，两触点之间的阻值应该为无穷大。因此，检测开关时，可以用电阻挡，也可以用蜂鸣挡。此处仅介绍万用表电阻挡的测量方法，以单刀单掷开关为例，说明检测开关的方法，具体操作过程如表1-6所示。

表1-6　开关的检测操作步骤

步骤	操作内容	操作方法	图示
1	挡位选择	将万用表置于$R\times1$挡，并进行欧姆调零	欧姆调零 调到$R\times1$挡
	开关开路时，检测两触点之间的电阻值	假设此时开关为开路状态，将红黑表笔分别接开关两触点，并观察万用表表盘读数	开关断开，此时两触点的电阻为无穷大

续表

步骤	操作内容	操作方法	图示
2	开关闭合时，检测两触点之间的电阻值	将开关拨到开(使两触点闭合)，再重复上步操作	开关闭合，此时两触点的电阻为零
3	判断开关质量	正常：开关闭合时，两触点间电阻为 0；开关断开时，两触点间电阻为无穷大。 短路：开关闭合和断开时，两触点间电阻均为 0。 开路：开关闭合和断开时，两触点间电阻均为无穷大。 接触不良：开关闭合时，阻值不为 0 或不是无穷大，可以打磨一下开关引脚，使之接触良好	

任务三　电路搭接与调试

1. 清点元器件

充电小台灯电路所需的元器件，如表 1-7 所示。

表 1-7　充电小台灯元器件清单

序号	名称	型号规格	符号	数量	图示
1	电阻	390 kΩ	R_1	1	
2	电阻	330 Ω	R_2	1	
3	涤纶电容	1 μF/400 V	C_1	1	
4	二极管	1N4007	$VD_1 \sim VD_5$	5	
5	开关	12×12	K_1	1	

续表

序号	名称	型号规格	符号	数量	图示
6	开关按钮	Φ9.5	—	1	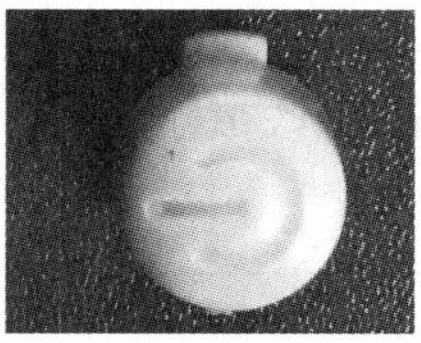
7	高亮 LED	Φ5	LED_2～LED_{19}	18	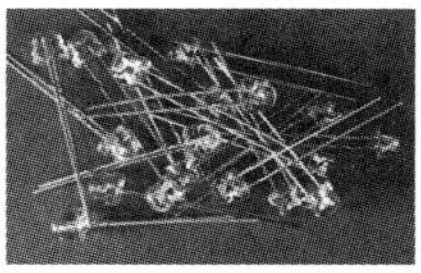
8	发光二极管	Φ3	LED_1	1	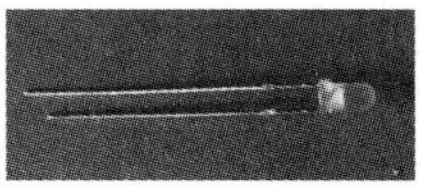
9	充电插头	—	—	1	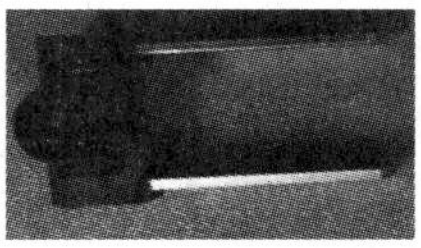
10	插头支架	—	—	1	
11	开关电路板	16×26	—	1	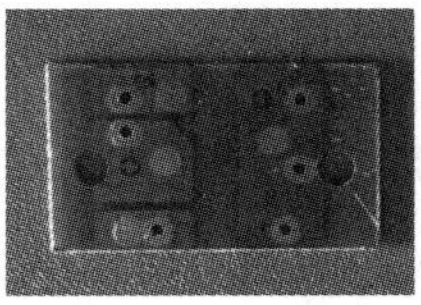
12	充电电路板	15×28	—	1	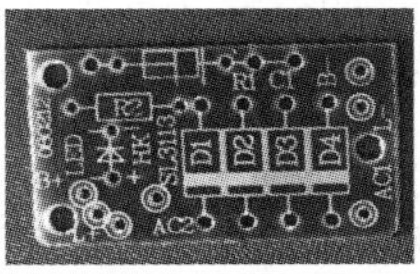
13	LED 电路板	34×61	—	1	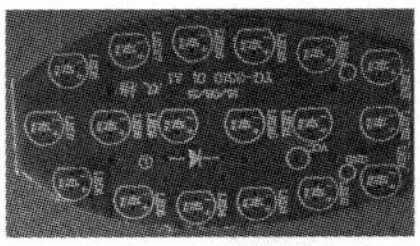
14	自攻螺钉	Φ2×6	—	2	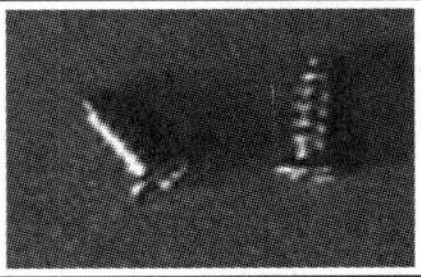

续表

序号	名称	型号规格	符号	数量	图示
15	自攻螺钉	$\Phi 2\times 8$	—	2	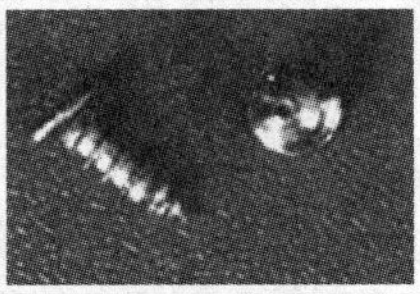
16	自攻螺钉	$\Phi 2.6\times 10$	—	4	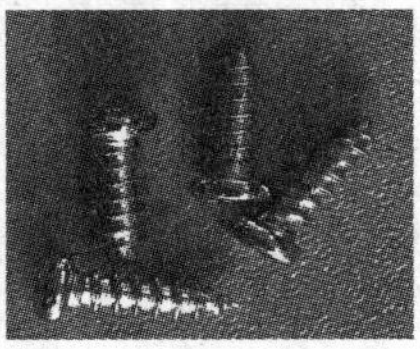
17	导线	10 cm	J_1、J_2、J_3、J_4、J_5	5	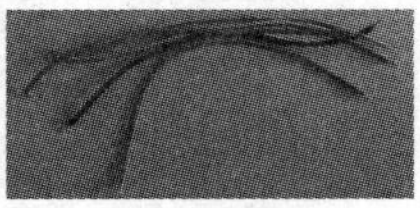
18	导线	40 cm	J_6、J_7、J_8	3	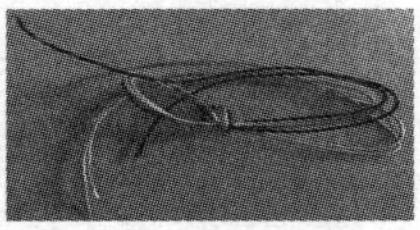
19	电瓶	4 V	—	1	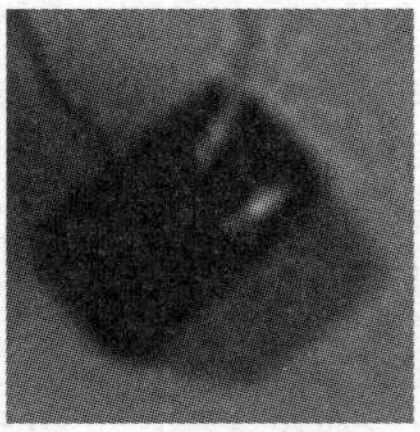
20	镜片	50×84	—	1	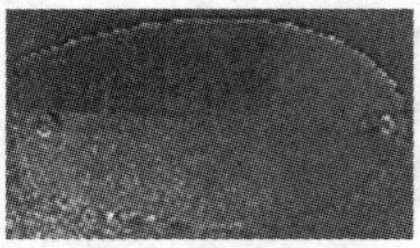
21	反光板	48×82	—	1	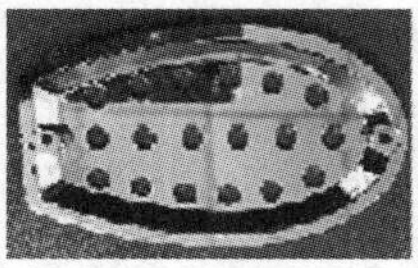
22	灯罩	—	—	1	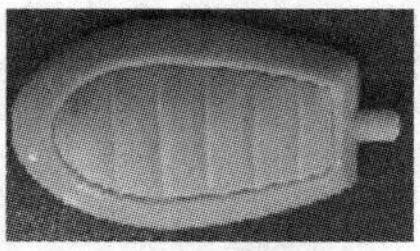
23	上下外壳	—	—	1	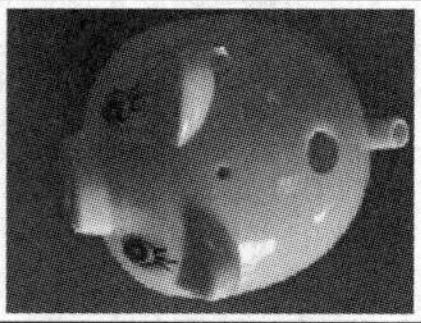

续表

序号	名称	型号规格	符号	数量	图示
24	金属软管	—	—	1	
25	说明书	—	—	1	—

2. 元器件成形

一般元器件的安装方式有两种：一种是卧式安装，另一种是立式安装。根据印制电路板空间和安装位置的大小来选择安装方式。在印制电路板空间允许的情况下，一般电容、发光二极管采用立式安装，电阻、二极管采用卧式安装。

1）卧式安装引脚成形

用镊子在离元器件封闭点 2～3 mm 处夹住某一引脚。再适当用力将元器件引脚弯成一定的弧度。用同样的方法处理另一引脚，两引脚的尺寸要一致。弯折引脚时不要采用直角弯折，且用力要均匀，以免损坏元器件，如图 1-12 如示。

2）立式安装引脚成形

用镊子在元器件的某引脚离元器件封装点 3～4 mm 处将该引线弯成半圆形状，注意电阻阻值色环向上，如图 1-13 如示。

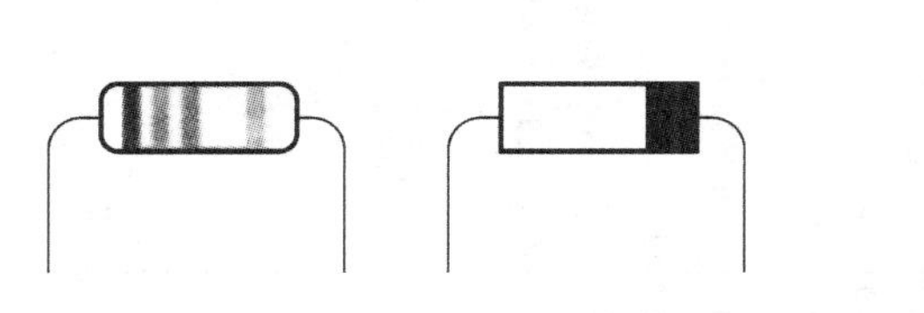

图 1-12　卧式安装引脚成形

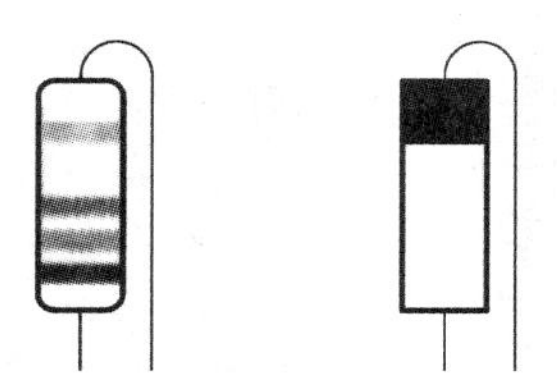

图 1-13　立式安装引脚成形

3. 元器件的安装焊接

1）充电线路板焊接

充电线路板装配作业指导书如图 1-14 所示。

2）按钮开关和 LED 灯线路板焊接

按钮开关和 LED 灯线路板装配作业指导书如图 1-15 所示。

3）线路板之间连线焊接

线路板之间连线焊接作业指导书如图 1-16、1-17 所示。

4. 整机装配

LED 台灯整机装配的具体操作步骤分为以下六步。

(1) 把充电插头的小按钮插入插头支架，按入外壳尾部的充电插口部位，如图 1-18 所示。

作业指导书											
						文件编号：			页码	1	
适用场合	电子分厂	产品系列		工序编号		标准时间		编制/日期		会签/日期	
	电子车间	产品名称	充电小台灯	工序名称	充电线路板的焊接	岗位人数		审核/日期		批准/日期	

图片说明

操作步骤

（1）各元器件按图纸的指定位置、孔距进行插装、焊接。

（2）安装顺序一般为先高后低、先轻后重、先易后难、先一般元器件后特殊元器件。色环电阻的误差色环朝一个方向，统一规格的元器件尽量安装在同一高度上。

（3）安装电阻 R_1、R_2 和整流二极管 $VD_1 \sim VD_4$，注意二极管的管脚极性。

（4）安装降压电容 C_1。

（5）先对发光二极管 LED_1，按照电路指定位置，插装到电路板上。

（6）将电路板固定在包装外壳所对应的卡槽内，尤其要将 LED_1 装入包。

（7）根据实际情况，确定 LED_1 引脚焊接的长度，用镊子弯曲引脚，以做标记，将电路板拔出，根据标记焊接。

自检内容

（1）元器件符合焊接工艺标准。

（2）元器件和 PCB 板上的标示一致。

互检内容

（1）无漏焊、错焊、虚焊。

（2）二极管的极性。

（3）充电指示二极管整形到位。

注意事项

（1）此工序需戴防静电手套操作。

（2）规范使用工具和仪器仪表。

物料表

物料编码	物料名称/规格	数量
	见充电小台灯元器件清单	

设备/工具

名称	型号	技术参数
焊接工具		

图 1-14　充电线路板装配作业指导书

<table>
<tr><td colspan="2"></td><td colspan="4">作业指导书</td><td colspan="4">文件编号：</td><td>页码</td><td>2</td></tr>
<tr><td rowspan="2">适用场合</td><td>电子分厂</td><td>产品系列</td><td></td><td>工序编号</td><td></td><td>标准时间</td><td></td><td>编制/日期</td><td></td><td>会签/日期</td><td></td></tr>
<tr><td>电子车间</td><td>产品名称</td><td>充电小台灯</td><td>工序名称</td><td>按钮开关和照明线路板的焊接</td><td>岗位人数</td><td></td><td>审核/日期</td><td></td><td>批准/日期</td><td></td></tr>
</table>

图片说明

操作步骤

(1) 焊接双档按钮开关 K_1。

(2) 焊接发光二极管 LED，注意其极性。

(3) 焊接二极管 VD_5，注意其极性。

自检内容

(1) 元器件符合焊接工艺标准。

(2) 元器件和 PCB 板上的标示一致。

互检内容

(1) 无漏焊、错焊、虚焊。

(2) 二极管、发光二极管的极性。

注意事项

(1) 此工序需戴防静电手套操作。

(2) 规范使用工具和仪器仪表。

物料表

物料编码	物料名称/规格	数量
	见充电小台灯元器件清单	

设备/工具

名称	型号	技术参数
焊接工具		

图 1-15　按钮开关和 LED 灯线路板装配作业指导书

<table>
<tr><td colspan="2" rowspan="2"></td><td colspan="4" rowspan="2">作业指导书</td><td colspan="8"></td></tr>
<tr><td colspan="4">文件编号：</td><td>页码</td><td colspan="3">3</td></tr>
<tr><td rowspan="2">适用场合</td><td>电子分厂</td><td>产品系列</td><td></td><td>工序编号</td><td></td><td>标准时间</td><td></td><td>编制/日期</td><td></td><td>会签/日期</td><td colspan="3"></td></tr>
<tr><td>电子车间</td><td>产品名称</td><td>充电小台灯</td><td>工序名称</td><td>安装电路板间连线</td><td>岗位人数</td><td></td><td>审核/日期</td><td></td><td>批准/日期</td><td colspan="3"></td></tr>
<tr><td colspan="4">图片说明
红线J₆
绿线J₇
黑线J₈</td><td colspan="5">操作步骤
（1）焊接 J₆、J₇、J₈（三条约 40 cm 长的导线）。
（2）先把导线 J₆、J₇、J₈ 穿入金属软管孔和罩所对应的孔，一头焊在 LED 线路板的相应位置上，注意正负极。
（3）另一头有两条导线，其中一条焊在按钮开关电路板上，一条焊在充电线路板的 GND 焊盘上。</td><td colspan="5">自检内容
（1）电阻和二极管符合焊接工艺标准。
（2）元器件和 PCB 板上的标示一致。
互检内容
无漏焊、错焊、虚焊。
注意事项
此工序需戴防静电手套操作。

物料表
物料编码 ｜ 物料名称/规格 ｜ 数量
｜ 见充电小台灯元器件清单 ｜

设备/工具
名称 ｜ 型号 ｜ 技术参数
焊接工具 ｜ ｜</td></tr>
</table>

图 1-16　线路板之间连线焊接作业指导书(1)

<table>
<tr><td colspan="2"></td><td colspan="6">作业指导书</td><td colspan="4">文件编号：</td><td>页码</td><td>4</td></tr>
<tr><td rowspan="2">适用场合</td><td>电子分厂</td><td>产品系列</td><td></td><td>工序编号</td><td></td><td>标准时间</td><td></td><td>编制/日期</td><td></td><td>会签/日期</td><td colspan="3"></td></tr>
<tr><td>电子车间</td><td>产品名称</td><td>充电小台灯</td><td>工序名称</td><td>电路板间的连接</td><td>岗位人数</td><td></td><td>审核/日期</td><td></td><td>批准/日期</td><td colspan="3"></td></tr>
<tr><td colspan="4">图片说明</td><td colspan="5">操作步骤
(1) 导线 J_3、J_4 的焊接：把 10 cm 左右的两根双股导线 J_3、J_4 一头焊接在充电电路板的端口处，另一头焊接在电瓶的正、负极上。
(2) 导线 J_1、J_2 的焊接：把两条 5 cm 左右的多股导线 J_1、J_2 一头焊在 220 V 输入插头接触金属片的两端，另一头焊在充电电路板对应的位置上。
(3) 导线 J_5 的焊接：把一条 5 cm 左右的多股导线 J_5 一头焊在按钮电路板上，另一头焊在充电电路板上。</td><td colspan="5">自检内容
(1) 连接符合焊接工艺标准。
(2) 连接与原理图一致。
互检内容
(1) 无漏焊、错焊、虚焊。
(2) 参考电路图，连线与原理图一致。
注意事项
(1) 此工序需戴防静电手套操作。
(2) 规范使用工具和仪器仪表。</td></tr>
</table>

物料表

物料编码	物料名称/规格	数量
	见充电小台灯元器件清单	

设备/工具

名称	型号	技术参数
焊接工具		

图 1-17　线路板之间连线焊接作业指导书(2)

(2) 将小按钮对应上盖按钮孔位置，再装入按钮电路板，安上自攻螺钉即可，如图 1-19 所示。

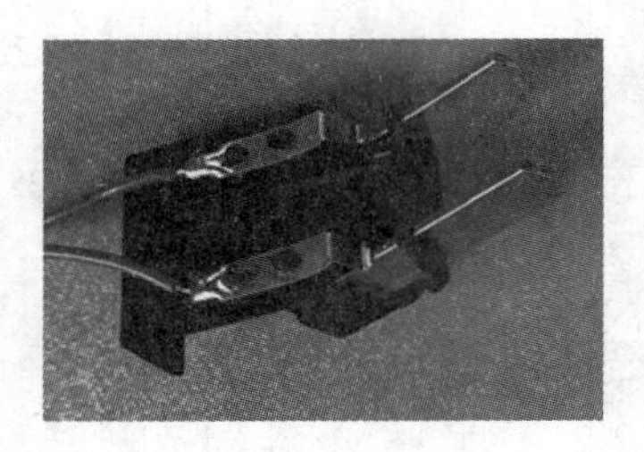

图 1-18　充电插头安装

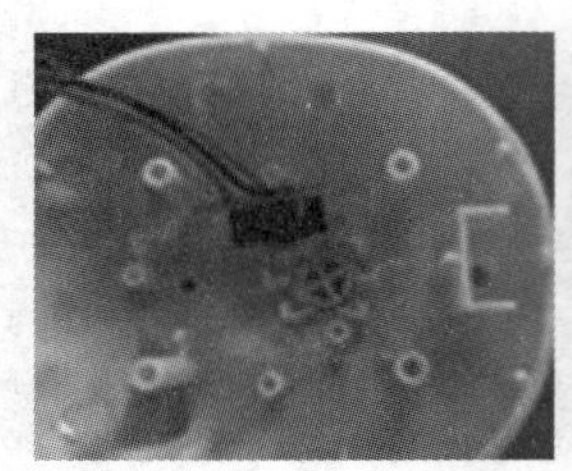
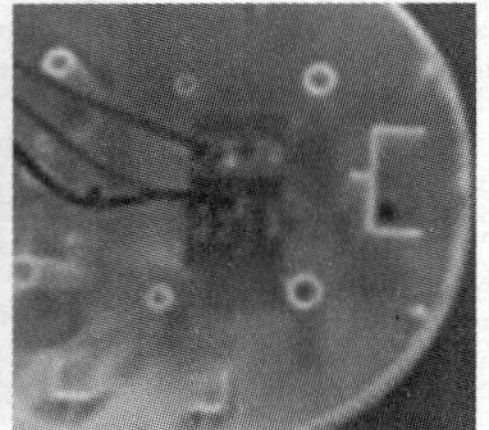

图 1-19　按钮安装

(3) 将充电电路板装入对应的卡槽内，注意把用作充电指示的 Φ3 LED 灯对准上盖小孔位置，如图 1-20 所示。

(4) 把电瓶横卡在上盖正中间电瓶卡槽中，合上下盖、旋上 4 个螺钉即可，如图 1-21 所示。

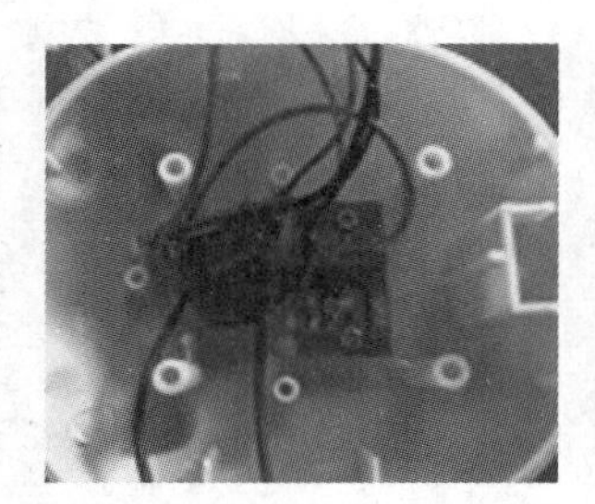

图 1-20　充电电路板安装

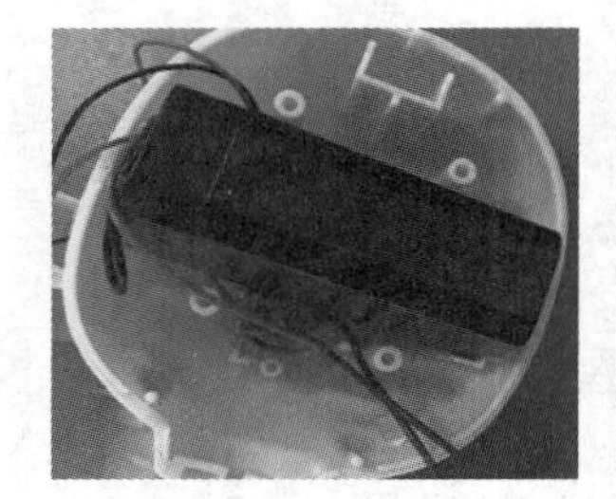

图 1-21　电瓶安装

(5) 把金属软管插到上盖后部用胶粘牢，另一头插入灯罩外壳尾部孔内用胶粘牢即可。

(6) 把 LED 电路板装入灯罩，安上反光板，压上透明镜片旋上自攻螺钉，这样灯头就安装完毕了。

LED 台灯安装完毕。

5. 电路调试

电路组装后，先不要着急插 220 V 交流电试验，防止安装错误导致烧毁电路。调试前，认真、仔细核查各器件安装是否正确。主要检查以下几个方面。

(1) 注意二极管、电容的正负引脚是否接对。

(2) 检查焊接好的穿孔元器件的 PCB 板有无错焊、漏焊、虚焊和桥接。

(3) 检查插头连接处有无导线裸露在外，用万用表测量插头座的两导电片有无短路。

(4) 检查插头线外绝缘层有无烫破。

检查电路无误后，经老师确认。在老师的指导下，接通电源，注意人体各部分远离电路板，此时充电指示灯 LED_1 亮，转换按钮开关可以实现以下功能：6 个 LED 亮、18 个 LED 亮、关灯。

电路充电 8 小时后，断开电路 220 V 的交流电，可持续照明数小时。

任务四 电路测试与分析

确认 LED 台灯安装无误后，接通电源，测试并分析电路。

1. 检测数据

用万用表检测相关数据，完成表 1-8。

表 1-8 电路测试与分析

		R_2 两端电压	LED 两端电压	VD_5 两端电压
关灯	量程	______(交、直)流______ V	______(交、直)流______ V	______(交、直)流______ V
	读数	______ V	______ V	______ V
6 个 LED 亮	量程	______(交、直)流______ V	______(交、直)流______ V	______(交、直)流______ V
	读数	______ V	______ V	______ V
18 个 LED 亮	量程	______(交、直)流______ V	______(交、直)流______ V	______(交、直)流______ V
	读数	______ V	______ V	______ V

注意：测量电路前，在电路断开电源时，找准测试点，再接通电源，切忌造成电路短路；测量数据时，身体不要接触电路板及元器件。

2. 分析电路

分析电路，完成下面的填空。

(1) 电路中，电容 C_1 和 R_1 组成的电路的作用是______。

(2) 二极管 $VD_1 \sim VD_4$ 的作用是______。

(3) LED_1 和 R_2 在电路中的作用是______，估算流过 R_2 的电流为______(根据上一步中所测量的数据)。

(4) 转换按钮开关，画出开关的电路符号______。

(5) 估算负载电流为______，选择 6 个 LED 照明时，流过每个 LED 的电流约为______；选择 18 个 LED 照明时，流过每个 LED 的电流约为______。

(6) VD_5 在电路中的作用是______。

任务五 电路常见故障与排除方法

1. 充不上电

故障现象：接入 220 V 交流电后，通过转换开关，可以照明，但充电指示灯不亮，且断开交流电后，不能照明。

故障分析：通过故障现象可以看出，电路的照明部分没有问题，电源部分的降压和滤波电路也没有问题。电路的问题可能是充电电瓶损坏，或充电指示电路损坏。

故障处理：拆开小台灯，检测充电电池是否电压正常，如果电池电压很低，甚至一点电都没有，应该替换一个充电电池；如果充电电池电压正常，再检查电路是否有虚焊等问题。

对于充电指示电路，通过观察法，看电阻 R_1 和发光二极管 LED_1 有没有烧坏，通过测量 R_1 和 LED_1 两端的电压，判断元器件是否损坏。确定故障部位后，更换坏掉的元器件。

2. 部分 LED 不亮

故障现象：有一部分 LED 亮，一部分不亮。

故障分析：由原理可知，照明电路的 LED 是并联的，哪个 LED 不亮，说明那个 LED 虚焊或者损坏。另外还有一种情况，可能是印制板敷铜线有裂纹，导致线路不通。

故障处理：测量不发光 LED，看是否损坏，如果没有损坏，说明焊接不当；如果 LED 损坏，只需要替换并焊接即可；如果焊接质量和 LED 都没有问题，就应该检查印制板敷铜线是否有裂纹，导致线路不通。

3. 只有一路 LED 可照明

故障现象：其中一路 LED 可发光，另一路不能发光。

故障分析：其中一路 LED 可发光，说明电源电路没有问题，由于发光 LED 并联，6 个或 12 个 LED 全部损坏的可能性很小，所以问题可能是按钮开关接触不良或损坏。

故障处理：可以通过重新焊接开关或替换开关来解决问题。

知识链接一　电容降压电源电路

将交流电转换为低压直流电的常规方法是采用变压器降压后再整流滤波，如图 1-22 所示。

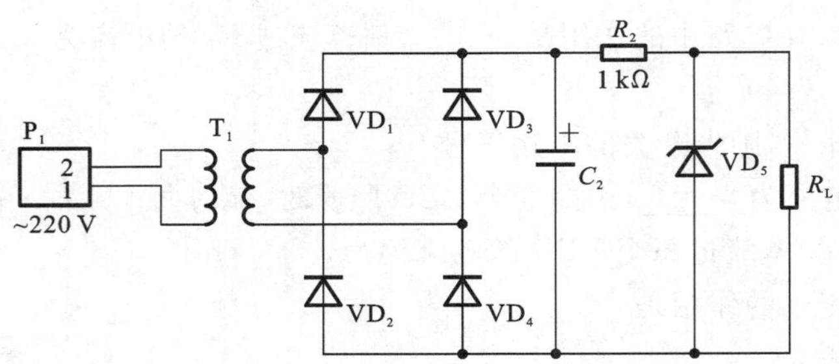

图 1-22　变压器降压式直流电源电路

由于变压器体积大、重量大、成本高，所以当受体积和成本等因素的限制时，一般采用电容降压式直流电源。电容降压式直流电源电路如图 1-23 所示。

如图 1-23，C_1 为降压电容器，$VD_1 \sim VD_4$ 为桥式整流二极管，C_2 为滤波电容，VD_5 为稳压二极管，R_1 为关断电源后 C_1 的电荷泄放电阻。

1. 元器件的选择

电容降压的工作原理：利用电容在一定的交流信号频率下产生的容抗来限制最大工作

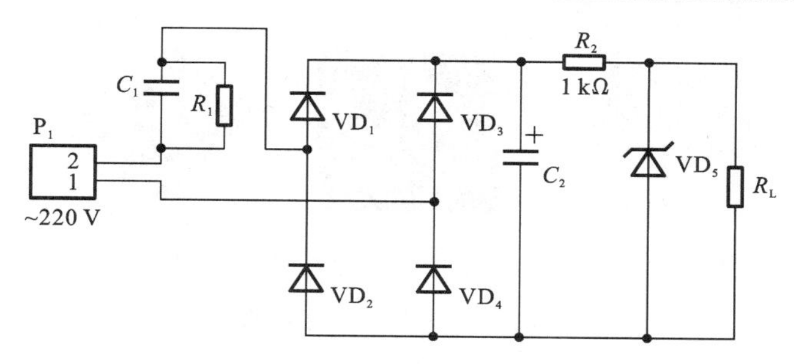

图 1-23 电容降压式直流电源电路

电流。电路设计时，应先确定负载电流的准确值，然后选择降压电容器的容量。因为通过降压电容 C_1 向负载提供的电流，实际上是流过 C_1 的充放电电流，所以 C_1 容量越大，容抗越小，则流经 C_1 的充放电电流越大。当负载电流小于 C_1 的充放电电流时，多余的电流就会流过稳压管，容易造成稳压管烧毁。因此，选择合适的降压电容很重要。

例如，交流输入为 220 V/50 Hz，降压电容 C_1 为 1 μF，那么，C_1 在电路中的容抗 X_c 为

$$X_c=1/(2\pi fC)=1/(2\times3.14\times50\times1\times10^{-6})\approx3184\ (\Omega)$$

流过电容器 C_1 的充电电流 I_c 为

$$I_c=U/X_c=220/3.18\approx70\ (\text{mA})$$

同时，为保证 C_1 可工作，其耐压值选择应大于两倍的电源电压，如用 220 V 交流电供电，电容耐压值应大于 400 V。

泄放电阻 R_1 的选择必须保证在要求的时间内泄放掉 C_1 上的电荷。

2. 使用电容降压注意事项

使用电容降压应注意以下五个方面。

(1) 应根据负载的电流大小和交流电的工作频率选取适当的电容，而不是依据负载的电压和功率选取。

(2) 限流电容必须采用无极性电容，绝对不能采用电解电容，而且电容的耐压值须在 400 V 以上。最理想的电容为铁壳油浸电容。

(3) 电容降压不能用于大功率条件，因为不安全。

(4) 电容降压不适合动态负载条件。

(5) 电容降压不适合容性和感性负载。

知识链接二 充电电池

充电电池是充电次数有限的可充电的电池。市场上一般有 1 号、5 号和 7 号电池。充电电池的好处是经济、环保、电量足，适合大功率、长时间使用的电器。常见的充电电池有以下五种，如图 1-24 所示。

铅酸蓄电池正极板上的活性物质是二氧化铅，负极板上的活性物质为海绵状纯铅。电解液为一定浓度的硫酸溶液。极板间的电动势约为 2 V。

镍镉电池正极板上的活性物质为氧化镍粉，负极板上的活性物质为氧化镉粉，活性物质

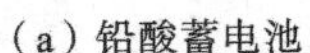
(a) 铅酸蓄电池

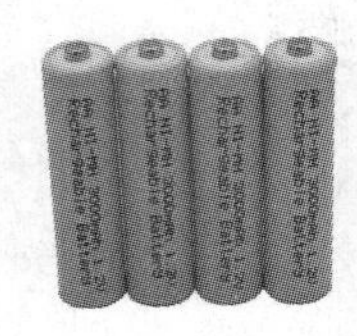
(b) 镍镉电池

(c) 镍金属氢电池

(d) 锂离子电池

(e) 锂聚合物电池

图 1-24 常见的充电电池

分别包在穿孔钢带中，加压成型后即成为电池的正负极板。电解液通常用氢氧化钾溶液。电池的开路电压为 1.2 V。

镍金属氢电池正极板上的活性物质为氧化镍粉，负极板上的活性物质为吸氢合金。电解液为氢氧化钾溶液。电池的开路电压为 1.2 V。

锂离子电池用复合金属氧化物在铝板上形成正极，用锂碳化合物在铜板上形成负极，极板间有亚微米级微孔的聚烯烃薄膜隔板。电解液为有机溶剂。开路电压为 3.6 V。

锂聚合物电池是锂离子电池的改良型，没有电池液，改用聚合物电解质，比锂离子电池稳定，开路电压为 3.6 V。

知识链接三　光导照明

光导照明，在国外称为 tubular daylighting system，国内又称为导光管采光系统，这是一种无电照明系统，采用这种系统的建筑物白天可以利用太阳光进行室内照明。其基本原理是，通过采光罩高效采集室外自然光线并导入系统内重新分配，再经过特殊制作的导光管传输后，由底部的漫射装置把自然光均匀、高效地照射到任何需要光线的地方，从黎明到黄昏，甚至阴天，导光管日光照明系统导入室内的光线仍然很充足。光导照明广泛应用于公共建筑、工业建筑、军事设施、民用建筑等，如图 1-25 所示。北京奥运会跆拳道馆的照明系统就属于此应用。

1. 光导照明系统的核心部件

光导照明系统的核心部件由导光管、传导系统、漫射器组成。

(1) 导光管：主要用来传输光线，采用具有 99.7%反射率的导光管，可有效地传输太阳光。

(2) 传导系统：具有专利技术的采光帽可滤掉 100%的紫外线，导光管的非金属薄膜不传导红外线，整个系统只传输 100%的可见光。此系统使用起来舒适，能有效地防止紫外线对室内物品的破坏，同时不会将太阳的热辐射传到室内，减少室内空调负荷，真正做到建筑的节能。

(3) 漫射器：采用菲尼尔透镜技术，将光线均匀地漫射到室内，使房间内无论什么时间都可沐浴在柔和的自然光中。

2. 光导照明系统的组成

光导照明系统由采光装置、导光装置、调光装置、漫射装置四部分组成。

(1) 采光装置：采光罩一般采用 PC 材质，透光性能好、抗冲击性能优异、耐老化。

(2) 导光装置：多采用反射率高的材料制作，目前国际通用的有纳米反射材料和金属镜

图 1-25　光导照明举例

面反射材料。

(3) 调光装置:采用有专利技术的调光器,可以在 8 s 内使光线从 100%调至 1.5%,使室内照明强度可根据使用需求进行调整。

(4) 漫射装置:光学透镜的漫射器使用了前所未有的方式传递日光,使光线更加柔和、均匀,不会产生眩光。

项 目 小 结

本项目以装配充电小台灯的任务为引领,通过作业指导书介绍整个制作过程,包括具体的操作步骤、工艺要求、焊接质量、注意事项、自检互检等,让学生按照卡片可以轻松地完成充电小台灯的装配和调试,训练学生装配与调试电子产品的技能,同时通过电路检测和分析,让学生理解电路原理。

【考核与评价】

(1) 理解电路工作原理,利用测量仪器测量电路参数及相关数据。

(2) 掌握电子产品的整机装配与调试、故障现象的分析。

(3) 自评互评,填写如表 1-9 所示的自评互评表。

表 1-9　自评互评表

<table>
<tr><td>班级</td><td></td><td>姓名</td><td></td><td>学号</td><td></td><td>组别</td><td colspan="2"></td></tr>
<tr><td>项目</td><td colspan="2">考核要求</td><td>配分</td><td colspan="3">评分标准</td><td>自评分</td><td>互评分</td></tr>
<tr><td>元器件的识别</td><td colspan="2">按要求对所有元器件进行识别</td><td>20</td><td colspan="3">元器件识别错误,每个扣 2 分</td><td></td><td></td></tr>
</table>

续表

班级		姓名		学号		组别		
项目	考核要求		配分	评分标准			自评分	互评分
元器件成型、插装与排列	(1)元器件按工艺要求成型。 (2)元器件符合插装工艺要求。 (3)元器件排列整齐、标示方向一致		20	(1)成型不合要求,每处扣1分。 (2)插装位置、工艺不合要求,每处扣2分。 (3)排列、标示不合理,每处扣3分				
导线连接	(1)导线挺直、紧贴PCB板。 (2)板上的连接线呈直线或直角,且不能相交		10	(1)导线弯曲、拱起,每处扣2分。 (2)连线弯曲、不直,每处扣2分。 (3)连接线相交,每处扣2分				
焊接质量	(1)焊点均匀、光滑、一致,无毛刺、无假焊等现象。 (2)焊点上引脚不能过长		20	(1)有搭锡、假焊、虚焊、漏焊、焊盘脱落等现象,每处扣2分。 (2)出现毛刺、焊料过多或过少、焊接点不光滑、引脚过长等现象,每处扣2分				
电路调试	(1)工作是否正常。 (2)连线正确		20	(1)不按要求进行调试,扣1~5分。 (2)调试结果不正常,扣5~20分				
安全文明操作	严格遵守安全操作规程、工作台上工具排放整齐、符合“6S”管理要求		10	违反安全操作、工作台上脏乱、不符合“6S”管理要求,酌情扣3~10分				
反思记录(附加10分)	项目			记录				
	故障排除		3					
	你会做的		2					
	你能做的		2					
	任务创新方案		3					
合计			100+10					
学生交流改进总结:								
教师签名:								

课后练习

1. 请简述电容降压的电路原理。
2. 请简述充电小台灯的电路原理。

实训项目 2

声光控节能灯

夜晚回家，走入楼道时，只需稍微用力地跺一下脚，或大声地“嗨”一下，这时楼道里的灯就亮了，过一会儿，灯又会自动灭了，这就是声光控节能灯给人们带来的便利。声光控节能灯是利用声音和光线作为控制源的电路，具有自动开灯和延时关灯的功能和便利、节能、无机械触点的优点，被广泛地应用于各种建筑物的楼道、洗手间等场所。

学习目标

知识目标

（1）掌握声光控节能灯电路的手工制造流程。

（2）掌握声光控节能灯电路的结构和原理。

（3）了解驻极体话筒、光敏电阻、CD4011 的特点及功能。

技能目标

（1）能够识别元器件并判断其好坏。

（2）能够按 IPC 工艺要求焊接元器件。

（3）能够依照作业指导书装配声光控节能灯的电路。

（4）能够依照相关要求调试声光控节能灯的电路。

职业素养目标

（1）在操作前检查安全措施。

（2）能够安全使用焊接设备及安装工具进行产品的装配。

（3）规范使用仪器仪表。

任务一　认 识 电 路

1. 声光控节能灯电路简介

图 2-1 所示的是声光控节能灯，声光控节能灯电路是由音量和光照度来控制灯的开或关。夜晚光照较弱，当环境的声音量达到某个值时，节能灯自动开启，约一分钟后，节动灯自动熄灭。电路中，驻极体话筒将声音信号转化成电信号，光敏电阻将光照信号转化成电信号，这两个信号送入集成芯片 CD4011 与非门进行信号处理，通过控制晶闸管的通或断，来控制节能灯的开或关。

图 2-1　声光控节能灯

声光控节能灯电路由电源电路、控制电路、照明电路三部分组成。声光控节能灯电路方框图如图 2-2 所示。

2. 声光控节能灯原理

1）电源电路

声光控节能灯电路的电源部分电路如图 2-3 所示。

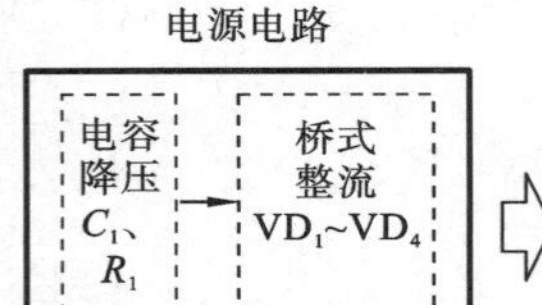

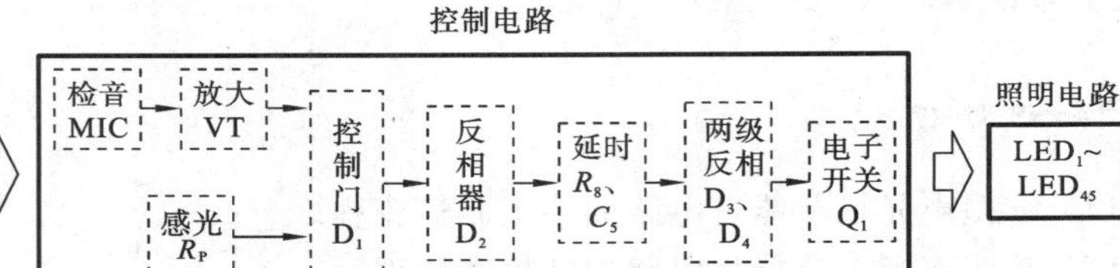

图 2-2　声光控节能灯电路方框图

220 V 交流电经 C_1、R_1 阻容降压，D_1～D_4 桥式整流，为电路提供电源。

2）控制电路

声光控节能灯电路的控制部分电路如图 2-4 所示。

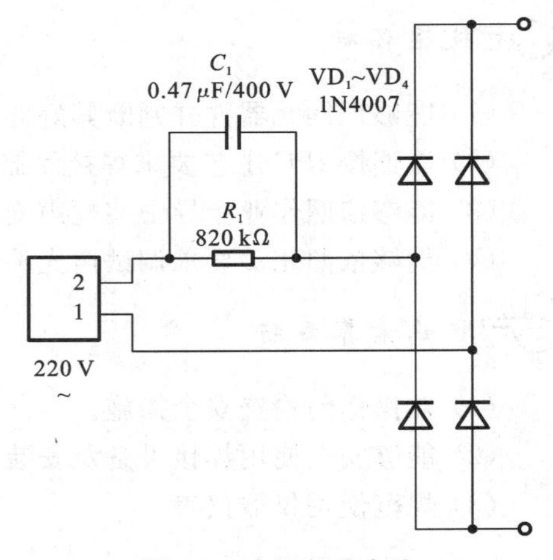

图 2-3　电源部分电路

白天光照较强，光敏电阻 R_P 阻值变小，此时光敏电阻 R_P 两端电压较小，IC(CD4011)的与非门 D_1 的 1、2 脚为低电平，由与非门的逻辑关系可知此时 IC 的与非门 D_1 的 3 脚输出为高电平，3 脚连接 IC 的与非门 D_2 的 5、6 脚，经过 IC 的与非门 D_2 的脚反相，IC 的 D_2 的 4 脚输出为低电平。此时，与非门 D_3 的 8、9 脚仍为低电平，从而 D_3 的 10 脚输出为高电平，10 脚连接 IC 的与非门 D_4 的 12、13 脚，与非门 D_4 的 11 脚输出为低电平，因此不能触发晶闸管 Q_1，晶闸管截止，无电流送入照明电路，LED 不发光。

晚上光线暗，光敏电阻 R_P 阻值变大，此时光敏电阻 R_P 两端电压升高，如果此时有声音

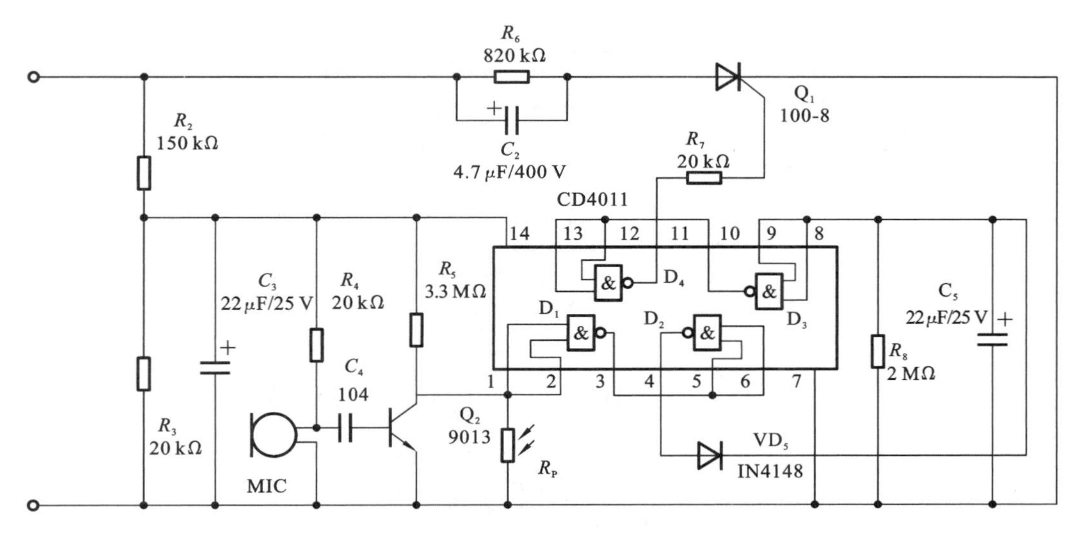

图 2-4　控制部分电路

被话筒 MIC 接收，经电容 C_4 耦合到三极管 Q2(9013)放大，在三极管的 C～E 形成音频电压，此电压如高于 1/2 电源电压，从而 IC 的与非门 D_1 的 1、2 脚输入的为高电平，则 IC 的与非门 3 脚输出为低电平，经 IC 内部反相，4 脚输出的高电平经 D_5 向 C_5 瞬间充电，使 IC 的与非门的 8、9 脚输入端接近电源电压，经与非门 D_3 反相，10 脚输出为低电平，10 脚连接与非门 D_4 的 12、13 脚，由 D_4 反相缓冲后由 11 脚输出高电平，经 R_7 触发晶闸管 Q_1 导通，电流流入照明电路，从而点亮 LED。

如果此后无声音被 MIC 接收，则 IC 的与非门的 1、2 脚恢复为低电平，3 脚输出恢复为高电平，此时，电容 C_5 通过电阻 R_8 缓慢放电，当 C_5 电压下降到低于 1/2 电源电压时，可控硅截止电灯关闭，等待下次触发。因此，发光二极管发光时间长短由 C_5、R_8 的参数决定。

3）照明电路

声光控节能灯电路的照明部分电路如图 2-5 所示。

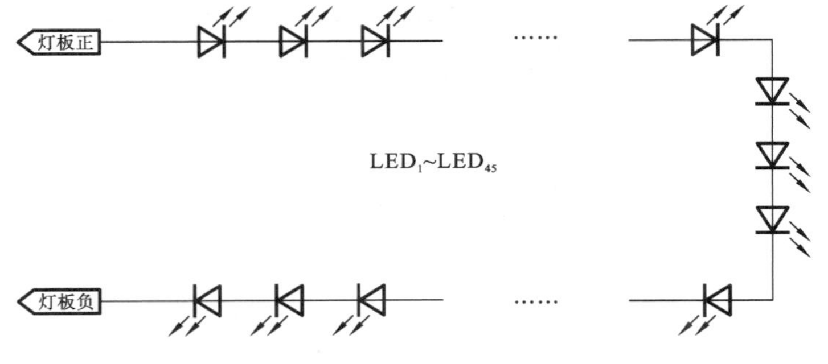

图 2-5　照明部分电路

照明部分由 45 个高亮度的 LED 发光二极管串联而成。

3. 声光控节能灯电路

声光控节能灯电路如图 2-6 所示。

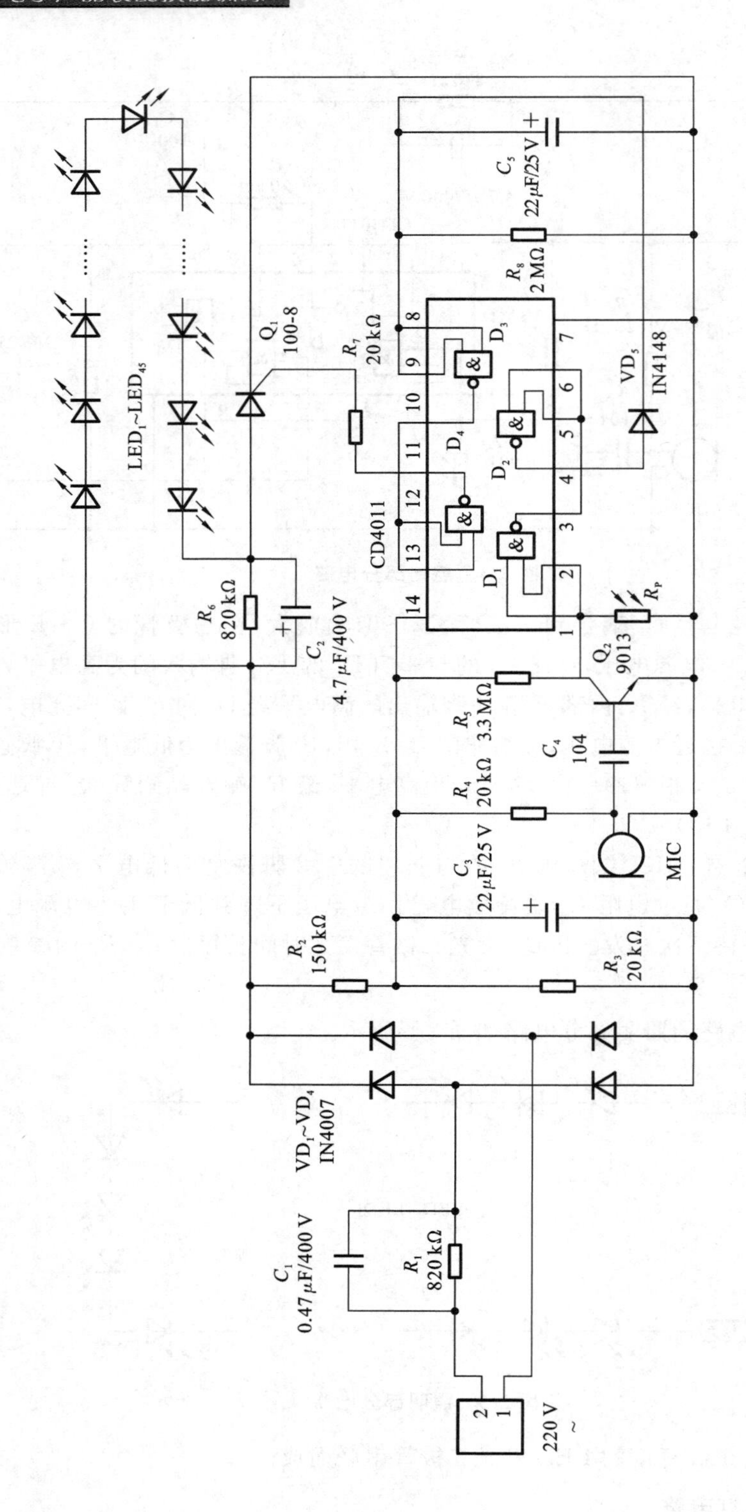

图2-6　声光控节能灯电路

任务二 元器件的识别与检测

声光控电路中涉及的主要元器件有三极管、光敏电阻、驻极体话筒、晶闸管、与非门芯片CD4011等，下面介绍这些元器件的识别与检测方法。

1. 三极管的识别与检测

在放大电路中，三极管是核心元器件，它具有电流放大的作用。由三极管组成的放大电路被广泛地应用于电视机、扩音机、测量仪器和自动控制装置电路中。图2-7所示的是几种常见的三极管实物图片。

图2-7 常见的三极管实物图

1）三极管的结构和符号

三极管具有电流放大的作用，按照结构可以分为NPN型和PNP型两种，它们的基本结构和符号如表2-1所示。

表2-1 三极管基本结构和符号

类型	符号	内部结构	等效结构
NPN型	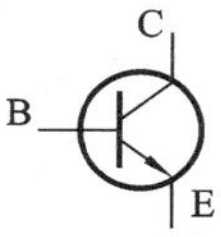 C B E NPN B—基极 E—发射极 C—集电极	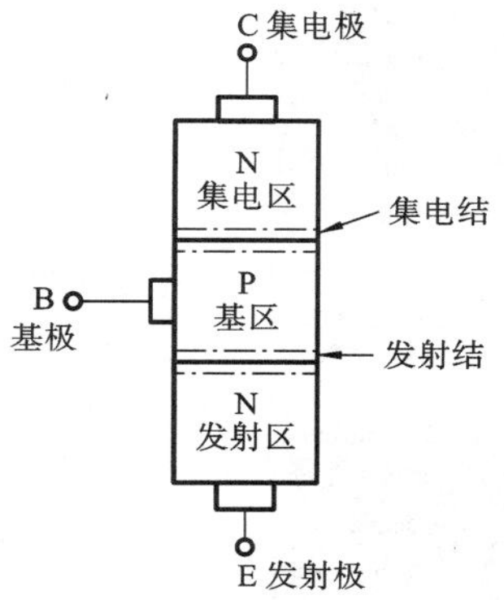 C集电极 N 集电区 集电结 B基极 P 基区 发射结 N 发射区 E发射极	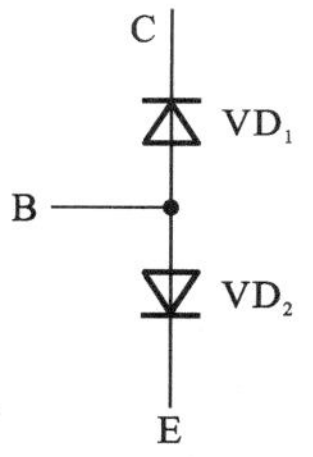 C VD_1 B VD_2 E
PNP型	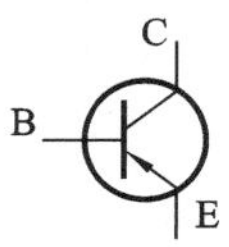 C B E PNP B—基极 E—发射极 C—集电极	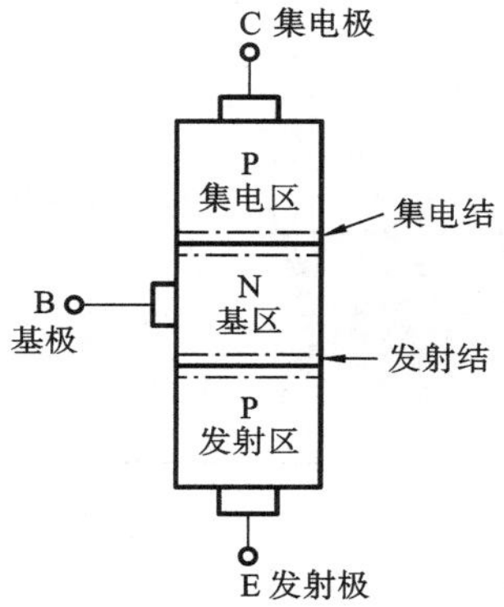 C集电极 P 集电区 集电结 B基极 N 基区 发射结 P 发射区 E发射极	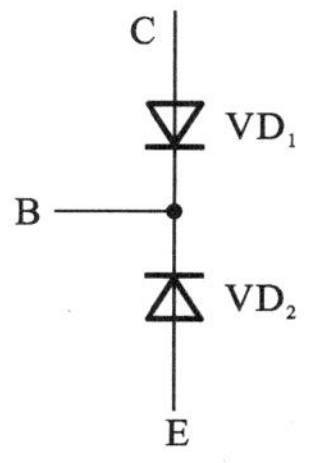 C VD_1 B VD_2 E
说明	三极管内部结构特点：基区做得很薄，掺杂浓度最低；发射区掺杂浓度最高；集电区体积最大		

2）三极管的检测

根据三极管的内部结构，可以通过测量三极管发射结和集电结的正反向电阻来识别三极管各引脚的名称并判断其好坏。下面通过表 2-2 所示的检测三极管的操作步骤来判断三极管的类型、引脚的名称。

表 2-2 检测三极管的操作步骤

步骤	假设	图示	说明
找基极定管型	NPN	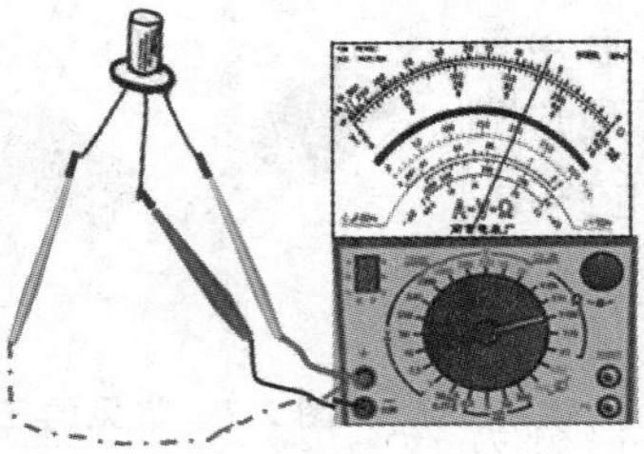	将万用表设置在 $R\times100$ 或 $R\times1$ k 挡，用黑表笔和任一引脚相接（假设它是基极 B），红表笔分别和另外两个引脚相接，如果测得两个阻值都很小，则黑表笔所连接的就是基极，而且可以判断假设成立，即此管是 NPN 型
	PNP	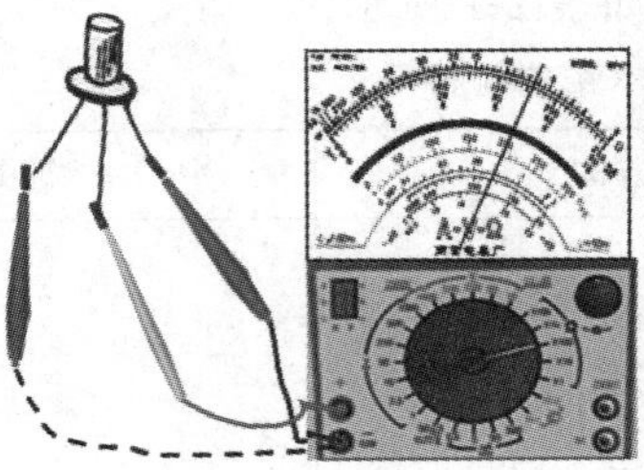	将万用表设置在 $R\times100$ 或 $R\times1$ k 挡，用红表笔和任一引脚相接（假设它是基极 B），黑表笔分别和另外两个引脚相接，如果测得两个阻值都很小，则红表笔所连接的就是基极，而且可以判断假设成立，即此管是 PNP 型
看偏转定 CE	NPN	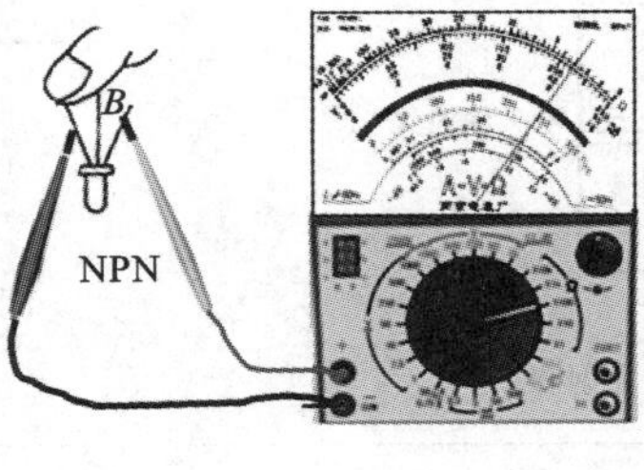 B NPN	（1）用手同时捏住基极和假设的集电极。 （2）用黑表笔接假设的集电极，红表笔接假设的发射极，观察指针偏转情况。 （3）作相反的假设，再测 C、E 间的电阻。 （4）两次假设中，测得电阻小的一次（偏转大），假设成立
	PNP	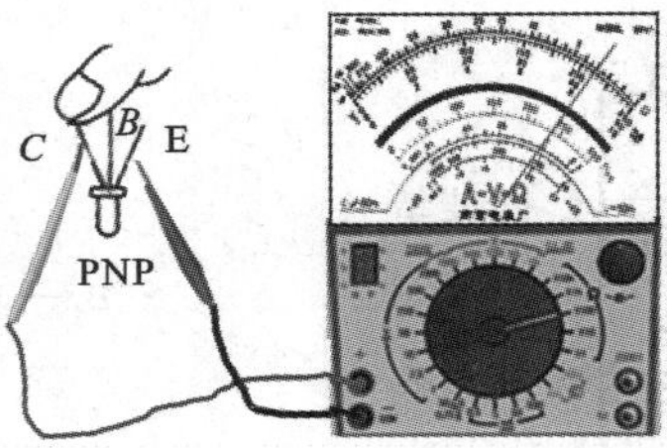 C B E PNP	（1）用手同时捏住基极和假设的集电极。 （2）用红表笔接假设的集电极，黑表笔接假设的发射极，观察指针偏转情况。 （3）作相反的假设，再测 C、E 间的电阻。 （4）两次假设中，测得电阻小的一次（偏转大），假设成立

2. 光敏电阻的识别与检测

1）光敏电阻的结构和符号

光敏电阻是利用半导体的光电效应制成的一种电阻值随入射光强度的改变而改变的电

阻器，入射光强则电阻减小、入射光弱则电阻增大。光敏电阻一般用于光的测量、光的控制和光电转换（将光的变化转换为电的变化）。图2-8是光敏电阻的外形和电路符号。

（a）光敏电阻外形　　（b）光敏电阻电路符号

图2-8　光敏电阻外形和电路符号

2）光敏电阻的检测

光敏电阻的阻值是随照射光强度的变化而发生变化的。如GL5626L型光敏电阻的亮电阻值小于5 kΩ，暗电阻值大于5 MΩ。检测光敏电阻的操作步骤如表2-3所示。

表2-3　检测光敏电阻的操作步骤

步骤	说明	图示	注意
1	将指针型万用表置于$R\times$1k挡并进行欧姆调零	—	—
2	用鳄鱼夹代替表笔分别夹住光敏电阻的两引脚，读电阻值		此时电阻一般小于5 kΩ
3	用一只手遮住光敏电阻的受光面，读电阻值		此时电阻一般小于5 MΩ
判断	观察光敏电阻遮挡光线前后，万用表指针的变化情况。若偏转明显，说明光敏电阻性能良好，若偏转不明显，说明光敏电阻的灵敏度较低或失效		

3. 驻极体话筒的识别与检测

驻极体是一种永久性磁化的电介质，利用这种材料制成的电容式传声器称为驻极体电容式传声器，简称驻极体话筒。驻极体话筒是一种电声换能器，可以将声能转换成电能。由于它具有体积小、重量轻、电声性能好、结构简单等优点，得到了广泛的应用，如收录机电路、声控电路等。图2-9所示的是驻极体话筒的外形和电路符号。

1）驻极体话筒与电路的接法

驻极体话筒连接点的形式有两种：两个连接点（见图2-10(a)）和三个连接点（见图2-10

(a) 驻极体活筒外形

(b) 驻极体话筒电路符号

图 2-9 驻极体话筒外形和电路符号

(b))。输出端为两个连接点的，其外壳、驻极体和结型场效应晶体管的源极 S 相连为接地端，余下的一个接点是漏极 D 输入端。市场上大多是这种两端输出式的驻极体话筒。输出端为三个连接点的，漏极 D、源极 S 与接地电极分开呈三个接点。市场上比较少见三端输出式话筒。

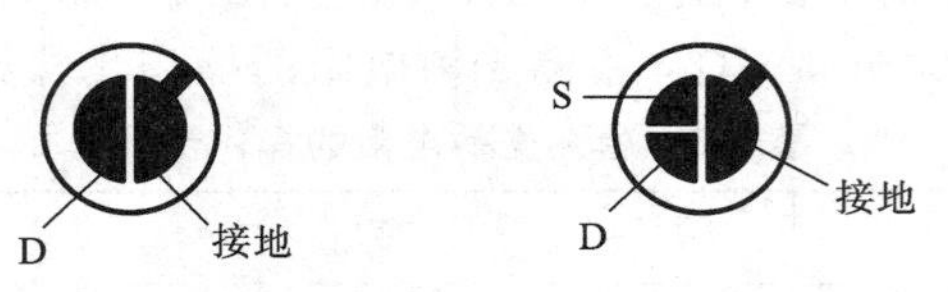

(a) 两个连接点　　(b) 三个连接点

图 2-10 驻极体话筒连接点的形式

2) 驻极体话筒的检测

输出端为两个连接点的驻极体话筒的检测步骤如表 2-4 所示。

表 2-4 输出端为两个连接点的驻极体话筒的检测步骤

步骤	说明	图示
1	将指针型万用表置于 $R\times1$ k 挡	—
2	黑表笔接在漏极 D 接点上，红表笔接在接地点上	
3	在万用表显示一定读数后，用嘴对准话筒轻轻吹气(吹气速度慢而均匀)，边吹气边观察指针的摆动幅度	
判断	将万用表置于 $R\times1$ kΩ 挡，吹气瞬间指针摆动幅度越大，话筒灵敏度就越高，送话、录音效果就越好。若指针的摆动幅度不大(微动)或根本不摆动，说明此话筒性能差，不宜应用	

对于输出端为三个连接点的驻极体话筒的检测，可将指针型万用表置于 $R\times1$ k 挡，黑表笔接任一极，红表笔接另一极。再对调两表笔，比较两次测量的结果。阻值较小时，黑表笔接的是源极 S，红表笔接的是漏极 D。然后保持万用表 $R\times1$ kΩ 挡，黑表笔接在漏极 D 接点上，红表笔接源极 S 并同时接地，再按表 2-4 所示的步骤操作。

4. 晶闸管的识别与检测

晶体闸流管简称晶闸管，又称可控硅，是一种大功率半导体器件。晶闸管也像二极管一样具有单向导电性，但它的导通时间是可控的，主要用于整流、逆变、调压及开关等方面。图 2-11是晶闸管的常见封装外形。

1) 晶闸管的内部结构和符号

晶闸管有 3 个电极：阳极 A、阴极 K 和控制极 G。晶闸管的内部结构和电路符号如图 2-12所示。由图可知，晶闸管等效为 PNP 型三极管与 NPN 型三极管正反馈连接的三端器件。所以晶闸管有 3 个 PN 结，其中控制极 G 和阴极 K 之间是一个 PN 结。

图 2-11 晶闸管的常见封装外形

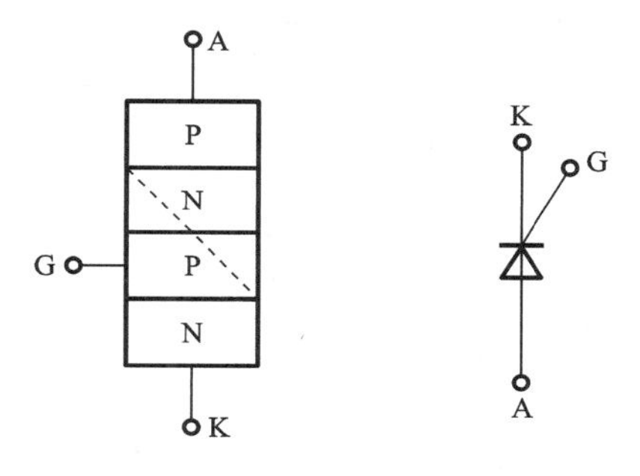

（a）晶闸管的内部结构 （b）晶闸管的电路符号

图 2-12 晶闸管的内部结构和电路符号

晶闸管在电路中用 VS 表示，它的电路符号是一个二极管加上一个控制端，表示晶闸管由控制端 G 控制其单向导电性。

普通晶闸管有以下三个工作特点。

(1) 晶闸管导通必须具备两个条件，一是晶闸管阳极 A 与阴极 K 之间必须接正向电压，二是控制极 G 与阴极 K 之间也必须接正向电压。

(2) 晶闸管一旦导通后，降低或去掉控制极电压，晶闸管仍然导通。

(3) 晶闸管导通后要关断时，必须减小其阳极电流使其小于晶闸管的导通维持电流。

2) 晶闸管的检测

可以用指针型万用表对晶闸管进行检测。可关断晶闸管与双向晶闸管及普通晶闸管的工作特点不相同，检测方法上也要区别开来。

普通晶闸管有一个很重要的结构特点，就是控制极 G 与阴极 K 之间有一个 PN 结，可以利用这个特点区分晶闸管的三个电极。晶闸管的检测操作步骤如表 2-5 所示。

由结构简图可知，在正常情况下，晶闸管的 GK 是一个 PN 结，具有 PN 结特性，而 GA 和 AK 之间存在反向串联的 PN 结，所以其间电阻值均为无穷大。由此特性可以判断晶闸管的质量，具体的质量判断操作步骤如表 2-6 所示。

表 2-5 晶闸管的检测操作步骤

步骤	说明	图示
1	万用表选择 $R\times1$ k 挡位，将晶闸管其中一个电极假定为控制极，与黑表笔相连，然后红表笔分别接触另外两个引脚	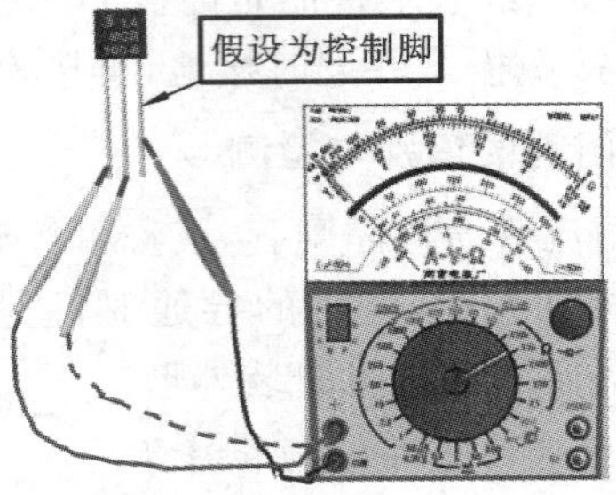 假设为控制脚
2	若有一次万用表的指针出现偏转，有一次无偏转，则表明假设是正确的，有偏转的那次红表笔接的为阴极 K，没有偏转那次红表笔接的为阳极 A	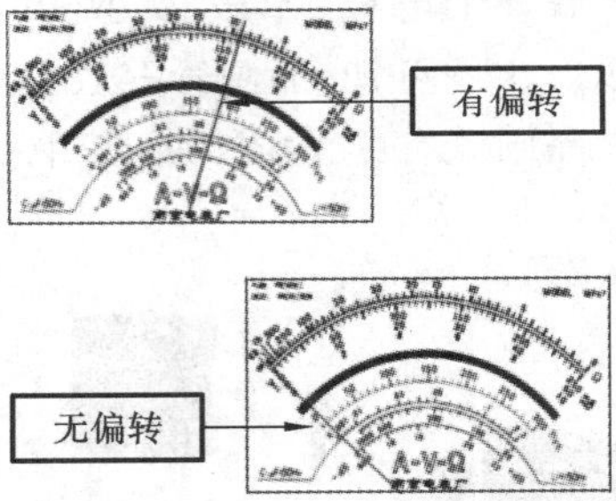 有偏转 无偏转
3	若两次万用表的指针均没有偏转，则说明假设的控制极不对。换一个引脚假设，重新按照步骤 1、2 检测	—

表 2-6 晶闸管的质量判断操作步骤

步骤	说明	图示
1	万用表选择 $R\times1$ k 挡，红表笔接阴极 K，黑表笔接阳极 A	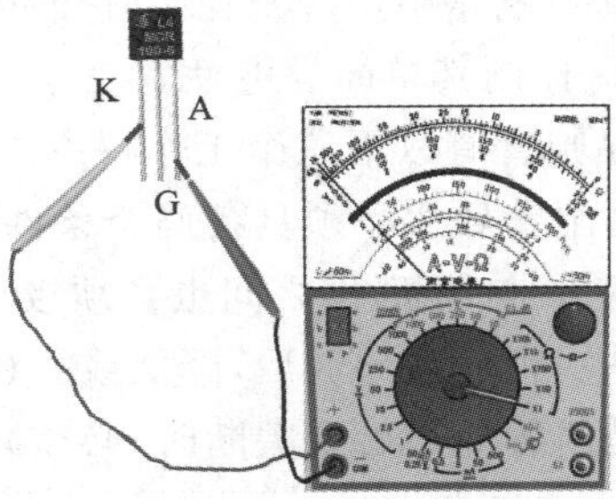 K A G
2	黑表笔接阳极 A 的瞬间碰触控制极 G，此时万用表的指针向右偏转，表示此时晶闸管已经导通	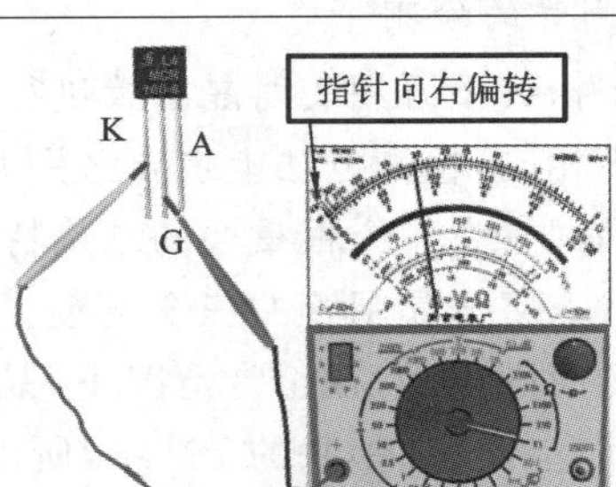 指针向右偏转 K A G

续表

步骤	说明	图示
3	断开黑表笔与控制极 G，万用表的指针不会回到无穷大处，此时晶闸管仍然保持导通状态	断开控制极G，仍然保持导通
4	测量三个电极之间的正向、反向电阻。正常情况下，GK 之间有一定的正向电阻值，其余电阻值均应为无穷大	—

5．CD4011 的识别与检测

CD4011 是有四个 2 端输入与非门的集成电路，CD4011 外形和内部结构图如图 2-13 所示。其中，与非门 D_1 的 1、2 脚为输入端，3 脚为输出端；与非门 D_2 的 5、6 脚为输入端，4 脚为输出端；与非门 D_3 的 8、9 脚为输入端，10 脚为输出端；与非门 D_4 的 12、13 脚为输入端，11 脚为输出端；7 脚为接地引脚，14 脚和 7 脚分别接电源正负极（3～15 V）。

（a）插件CD4011外形

（b）贴片CD4011外形

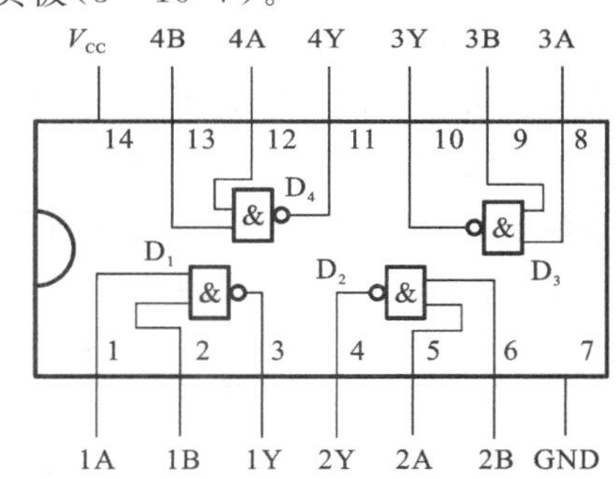

（c）CD4011内部结构和引脚图

图 2-13　CD4011 外形和内部结构图

CD4011 内部有四个与非门。与非门的功能可以用逻辑表达式 Y＝AB，或用逻辑功能真值表来表示，如表 2-7 所示。其中，A、B 代表输入端，Y 代表输出端。0 表示低电平，1 表示高电平。

表 2-7　与非门逻辑功能真值表

A	B	Y	说明
0	0	1	输入引脚有一个输入低电平时，输出端输出高电平
0	1	1	
1	0	1	
1	1	0	输入引脚全输入高电平时，输出端输出低电平

1）集成芯片的引脚排列

集成芯片有多种引脚排列方式，常见的是双列直插式芯片。根据功能不同，集成芯片有8～24个引脚，引脚编号判读方法是把凹槽标示置于左方，引脚向下，按逆时针自下而上的顺序排列，如图2-14所示。

贴片集成芯片印有型号的一面朝上，如图2-15所示。贴片集成芯片左下角的位置有一个圆形的小圆点，则该小圆点对应的引脚为1脚，其他引脚的序号与直插式集成芯片的方法一致，如图2-15(b)所示。

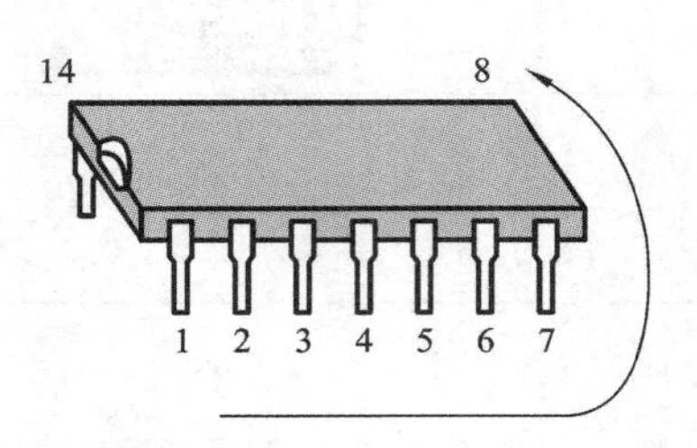

图2-14　双列直插式集成芯片的引脚排列

图2-15　贴片集成芯片的引脚排列

2）CD4011的检测方法

集成电路检测仪是最简单的检测集成芯片的仪器，但是生活中集成电路检测仪不常见，所以一般借助万用表检测集成芯片的好坏。将万用表调至“$R\times100$”或“$R\times1$ k”挡，分别测量集成电路各引脚与接地(GND)引脚之间的正、反向电阻值(内部电阻值)，并与正品的内部电阻值相比较。CD4011的检测操作步骤如表2-8所示。指针型万用表测量正常的CD4011各引脚与接地引脚之间的正反向电阻值。如果测量的电阻值与正品的电阻值完全一致，则集成芯片正常；否则，集成芯片损坏。

表2-8　CD4011的检测操作步骤

步骤	说明	电阻挡位	测量值	图示
测量GND端与V_{CC}端之间的电阻	黑表笔接CD4011的GND端引脚，红表笔接V_{CC}端引脚	$R\times1$ k挡	4 kΩ左右	14 8 7 1

续表

步骤	说明	电阻挡位	测量值	图示
测量GND端与各与非门输入或输出端的电阻	黑表笔接CD4011的GND端引脚，红表笔分别接各输入、输出端引脚	$R\times1$ k挡	5 kΩ左右	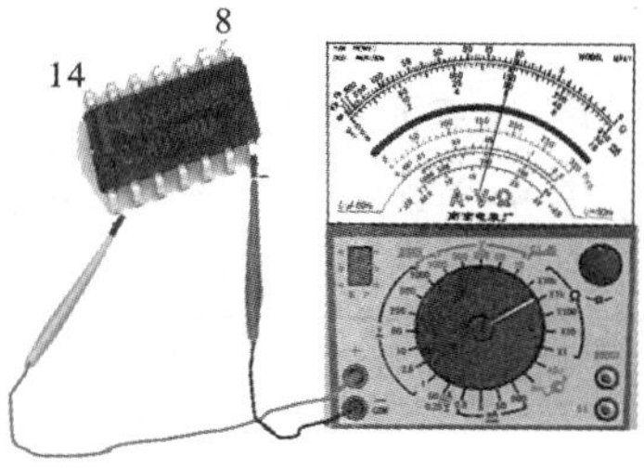 14 8
测量V_{CC}端与GND端之间的电阻	黑表笔接V_{CC}端引脚，红表笔接GND端引脚	$R\times10$ k挡	150 kΩ左右	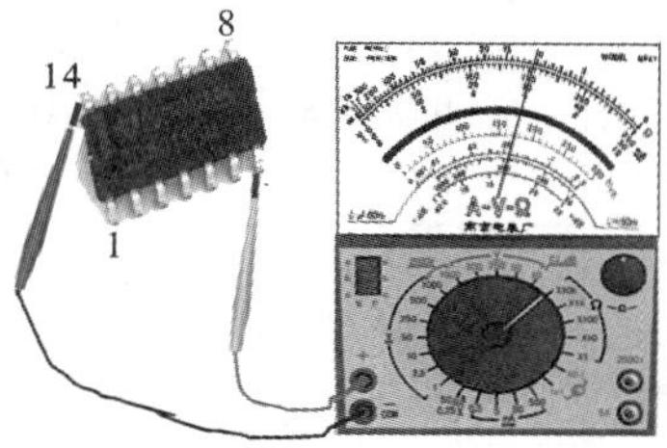 14 8 1
测量各与非门输入端与GND端之间的电阻	黑表笔接CD4011的各输入端引脚，红表笔接GND端引脚	$R\times10$ k挡	400 kΩ左右	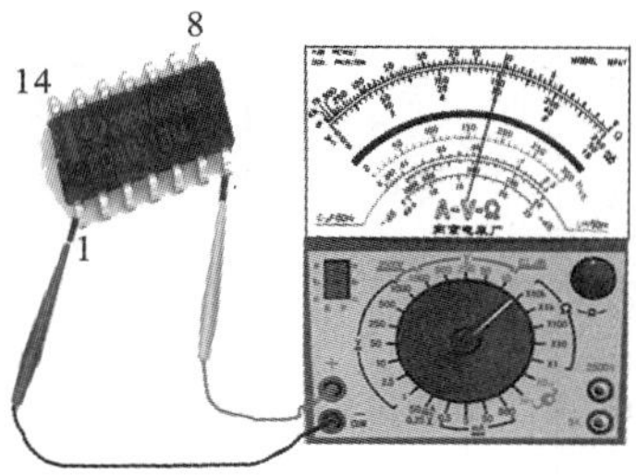 14 8 1
测量各与非门输出端与GND端之间的电阻	黑表笔接CD4011的各输出端引脚，红表笔接GND端引脚	$R\times10$ k挡	50 kΩ左右	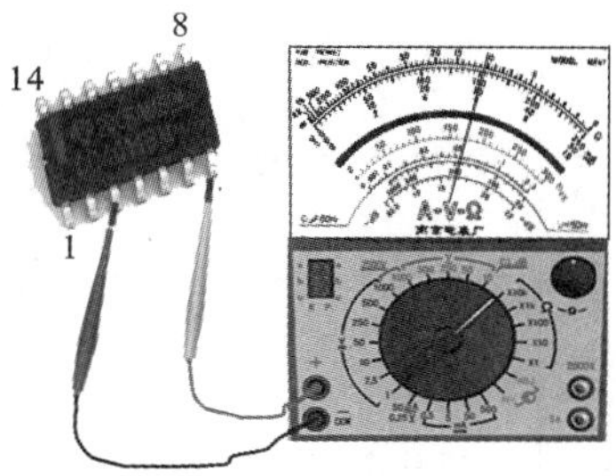 14 8 1

另外，还可以根据芯片的功能特点来检测芯片的好坏。对于CD4011来说，其功能是与非门，可连接一个简单的电路来检测其是否具备与非门的功能特点，见本项目中的知识链接二。

任务三 电路搭接与调试

1. 清点元器件

声光控节能灯元器件清单如表 2-9 所示。

表 2-9 声光控节能灯元器件清单

序号	名称	型号规格	符号	数量	图示
1	电阻	820 kΩ	R_1、R_6	2	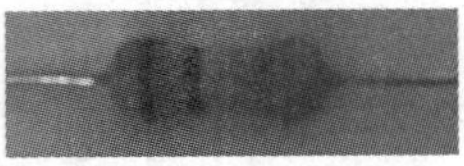
2	电阻	150 kΩ	R_2	1	
3	电阻	20 kΩ	R_3、R_4、R_7	3	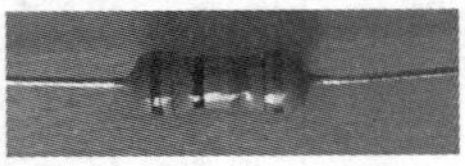
4	电阻	3.3 MΩ	R_5	1	
5	电阻	2 MΩ	R_8	1	
6	涤沦电容	0.47 μF/400 V	C_1	1	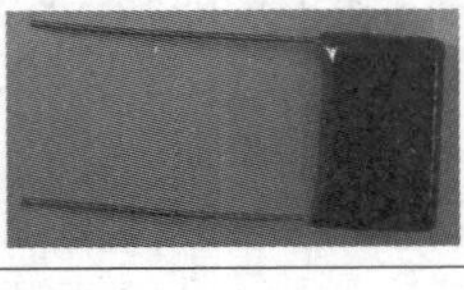
7	电解电容	4.7 μF/400 V	C_2	1	
8	电解电容	22 μF/25 V	C_3、C_5	2	
9	瓷片电容	104	C_4	1	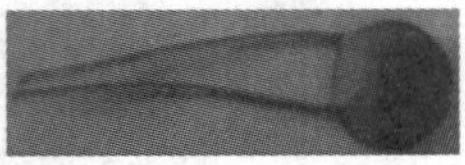
10	二极管	1N4007	VD_1～VD_4	4	

续表

序号	名称	型号规格	符号	数量	图示
11	二极管	1N4148	VD_5	1	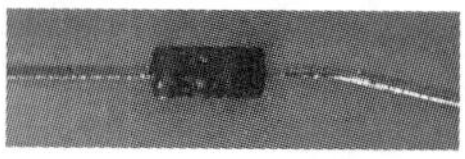
12	晶闸管	100-8	Q_1	1	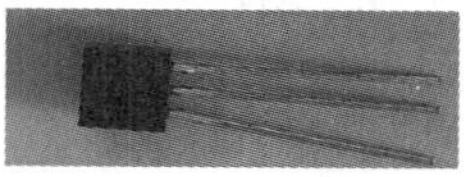
13	三极管	9013	Q_2	1	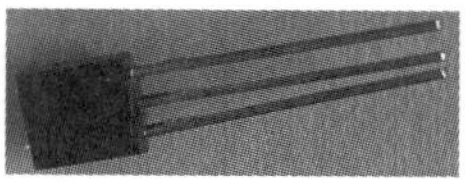
14	光敏电阻	—	R_P	1	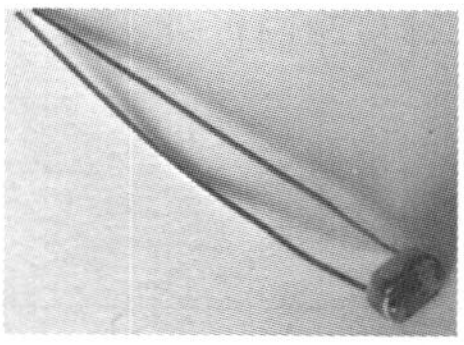
15	驻极体话筒	—	MK_1	1	
16	贴片集成芯片	CD4011	U_1	1	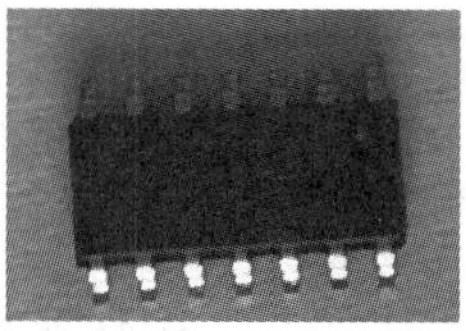
17	线材	—	—	4	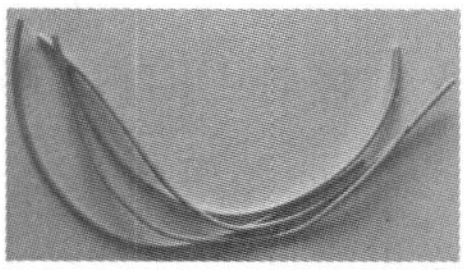
18	间隔柱	—	—	1	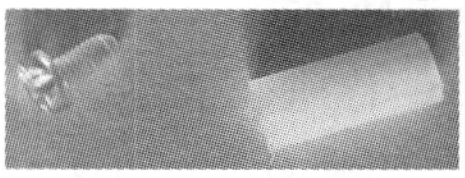

续表

序号	名称	型号规格	符号	数量	图示
19	控制印刷板	—	—	1	
20	灯板印刷板	—	—	1	
21	LED	—	—	45	
22	灯壳灯罩	—	—	1	

2. 元器件的安装焊接

1）控制电路板焊接

控制电路板装配作业指导书如图 2-16 所示。

2）发光二极管 LED 电路板安装焊接

发光二极管 LED 电路板装配作业指导书如图 2-17 所示。

3）电路板之间的连线焊接

电路板之间的连线焊接作业指导书如图 2-18 所示。

3. 总机装配

认真、仔细核查各器件是否正确，重点检测电源两端是否短路。

安装间隔柱，如图 2-19 所示，将电路板整理好，装入灯壳，装好灯罩，声光控节能灯的成品如图 2-20 所示。

<table>
<tr><td colspan="2"></td><td colspan="4">作业指导书</td><td colspan="4">文件编号：</td><td>页码</td><td>1</td></tr>
<tr><td rowspan="2">适用场合</td><td>电子分厂</td><td>产品系列</td><td></td><td>工序编号</td><td></td><td>标准时间</td><td></td><td>编制/日期</td><td></td><td>会签/日期</td><td></td></tr>
<tr><td>电子车间</td><td>产品名称</td><td>声光控节能灯</td><td>工序名称</td><td>控制电路板焊接</td><td>岗位人数</td><td></td><td>审核/日期</td><td></td><td>批准/日期</td><td></td></tr>
<tr><td colspan="4">图片说明
三极管 9013
晶闸管 100-8</td><td colspan="4">操作步骤
（1）焊接集成芯片 CD4011：用摄子夹住芯片放在对应位置，注意引脚对应位置不要放错，焊接时避免损坏元器件、各引脚间短路、虚焊等。
（2）焊接控制电路板上的插件元器件：按照元器件由低到高的顺序焊接，注意二极管、电解电容、驻极体话筒的极性与电路板对应，光敏电阻不要焊接在控制电路板上。特别注意三极管 9013 和 100-8 型晶闸管的外封装一样，注意区分。</td><td colspan="4">自检内容
（1）元器件符合焊接工艺标准。
（2）元器件和 PCB 板上的标示一致。
互检内容
（1）无漏焊、错焊、虚焊。
（2）集成芯片对应位置是否放错，各引脚间无短路等现象。
（3）二极管、电解电容、驻极体话筒的极性。
注意事项
（1）此工序需戴防静电手套操作。
（2）规范使用工具和仪器仪表。</td></tr>
<tr><td colspan="8" rowspan="7"></td><td colspan="4">物料表</td></tr>
<tr><td>物料编码</td><td colspan="2">物料名称/规格</td><td>数量</td></tr>
<tr><td></td><td colspan="2">见声光控节能灯元器件清单</td><td></td></tr>
<tr><td colspan="4"></td></tr>
<tr><td colspan="4">设备/工具</td></tr>
<tr><td>名称</td><td colspan="2">型号</td><td>技术参数</td></tr>
<tr><td>焊接工具</td><td colspan="2"></td><td></td></tr>
</table>

图 2-16 控制电路板装配作业指导书

	作业指导书									
					文件编号：			页码	2	
适用场合	电子分厂	产品系列		工序编号		标准时间		编制/日期		会签/日期
	电子车间	产品名称	声光控节能灯	工序名称	LED照明电路板焊接	岗位人数		审核/日期		批准/日期

图片说明

光敏电阻

操作步骤

(1) 焊接LED：注意LED极性与电路板对应，该电路板中有45个LED，焊接时从外层向内层焊接。

(2) 焊接光敏电阻：安装高度与LED平齐即可。

自检内容

(1) 元器件符合焊接工艺标准。

(2) 元器件和PCB板上的标示一致。

互检内容

(1) 无漏焊、错焊、虚焊。

(2) 发光二极管的极性。

注意事项

(1) 此工序需戴防静电手套操作。

(2) 规范使用工具和仪器仪表。

物料表

物料编码	物料名称/规格	数量
	见声光控节能灯元器件清单	

设备/工具

名称	型号	技术参数
焊接工具		

图 2-17 发光二极管 LED 电路板装配作业指导书

作业指导书						文件编号：		页码	3
适用场合	电子分厂	产品系列		工序编号		标准时间		编制/日期		会签/日期	
	电子车间	产品名称	声光控节能灯	工序名称	电路板间的连线	岗位人数		审核/日期		批准/日期	

图片说明

正极
正极
负极
负极

操作步骤

(1) 光敏电阻连接焊接，不需要区分极性。
(2) LED 电源连接线焊接，注意区分极性。
(3) 交流电连接线焊接，不需要区分极性。

自检内容

(1) 连接符合焊接工艺标准。
(2) 连线与原理图一致。

互检内容

(1) 无漏焊、错焊、虚焊。
(2) 参考电路图，连线与原理图一致。

注意事项

(1) 此工序需戴防静电手套操作。
(2) 规范使用工具和仪器仪表。

物料表

物料编码	物料名称/规格	数量
	见声光控节能灯元器件清单	

设备/工具

名称	型号	技术参数
焊接工具		

图 2-18　电路板之间的连线焊接作业指导书

4. 电路调试

准备一个灯座、电源插头、插座，将声光控节能灯旋入灯座，如图 2-21 所示。

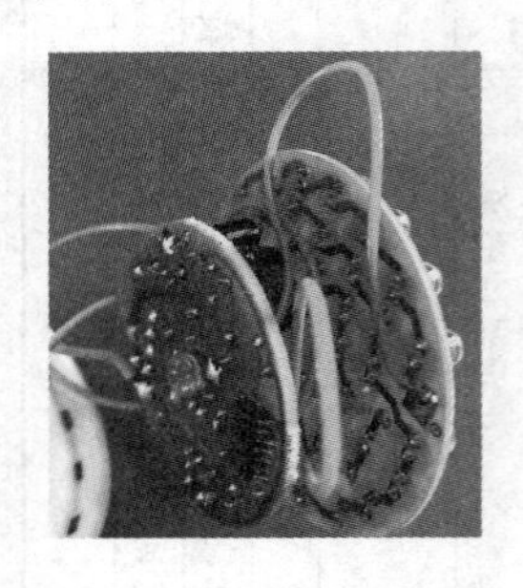

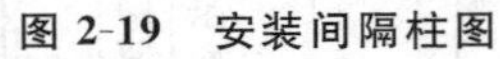

图 2-19 安装间隔柱图

图 2-20 成品

图 2-21 声光控节能灯旋入灯座

经老师确认无误之后，在老师的指导下，进行电路调试，调试步骤如下。

(1) 接通电源，LED 不亮。

(2) 接通电源，对着驻极体话筒拍手，LED 不亮(白天或有光照的情况下)。

(3) 用绝缘胶带遮挡光敏电阻，接通电源，同时对着驻极体话筒拍手，LED 亮，约一分钟后自动熄灭。

任务四 电路测试与分析

确认安装无误后，接通电源，测试并分析电路。

1. 检测数据

根据表 2-10 所示的要求，检测相关数据，完成表格。

表 2-10 电路测试与分析

	CD4011 的 14 脚对地电压	CD4011 的 1 脚对地电压	CD4011 的 3 脚对地电压	CD4011 的 4 脚对地电压	CD4011 的 10 脚对地电压	CD4011 的 11 脚对地电压	LED 电路板正负极之间的电压
有光照，无声音							
有光照，有声音							
无光照，有声音							

注意：测量电路前，在电路断开电源时，找准测试点，再接通电源、测量数据，切忌造成电路短路。测量数据时，身体不要接触电路板及元器件。

2. 分析电路

(1) 白天(有光照时)，光敏电阻阻值较______，CD4011 的 1 脚为______电平，此时二极

管 VD_5 ______(导通或截止),可控硅 Q_1 ______(导通或截止),LED灯______(亮或不亮)。

(2) 晚上(无光照时),光敏电阻阻值较______,如果有声音被驻极体话筒MIC接收,输入CD4011的1脚为______电平,此时二极管 VD_5 ______(导通或截止),晶闸管 Q_1 ______(导通或截止),LED灯______(亮或不亮)。

任务五 电路常见故障与排除方法

1. 灯不亮

故障现象:接入电源,遮挡光敏电阻,拍手,灯不亮。

故障分析:造成这一故障的原因有很多,常见原因包括以下六个方面。

(1) LED灯电路板中,至少有一个LED灯开路。

(2) 限流电阻 R_2 开路,导致CD4011失电而无法工作。

(3) 限流 R_3 开路,导致输出回路开路,LED灯电路板失电。

(4) 限流电阻 R_4 开路,导致可控硅 Q_1 不能导通。

(5) 脉冲传输二极管 VD_5 开路,导致电路失控。

(6) CD4011损坏。

故障处理:拆开灯罩,观察电路,看是否有元器件烧坏的痕迹。将光敏电阻用绝缘胶带遮住光线,接通电源,并朝驻极体话筒喊话,检测LED电路板两端的电压。如果电压正常,则说明有LED损坏。采用二分之一法,找出损坏的LED。

排除LED灯无故障,灯仍不亮,再检测CD4011电源引脚14脚对地电压,如果没有电压,重点检查电源电路部分。如果有电,通过替换CD4011,检测CD4011是否损坏。再逐一排查CD4011外围元器件,直至找到损坏元器件或虚焊点为止。

2. 灯常亮不熄

故障现象:无论白天或夜晚,LED灯一直不熄。

故障分析:这种故障常见原因有以下两个方面。

(1) CD4011损坏,如11脚一直输出高电平,使LED灯电路板一直有电源供电。

(2) 可控硅 Q_1 击穿性损坏,失去电路控制功能。

故障处理:用替换法,尝试替换CD4011和可控硅。

3. 不能声控

故障现象:电路不受声音控制,光线暗时,LED一直亮。

故障分析:常见原因是声控部分电路故障,如驻极体话筒MIC损坏,偏置电阻 R_6、R_7 开路,耦合电容损坏,三极管 Q_2 损坏。

故障处理:朝驻极体话筒拍手,同时测量三极管 Q_1 的C、E极之间电压,确认电路问题,再逐一排查,找出损坏元器件、更换损坏元器件即可。

4. 灯亮时间太短

故障现象:晚上,通过声音可以点亮LED灯,但灯亮时间太短。

故障分析:这主要是时间常数元器件 C_5 容量变小或漏电。

故障处理:更换电容 C_5 即可。

知识链接一　贴片元器件的焊接

贴片元器件,也称片状元器件,是电子设备微型化、高集成化的产物,是一种无引线或短引线的新型微小型元器件,适合安装于没有通孔的印制板上,是表面组装技术的专用元器件。与传统的通孔元器件相比,贴片元器件安装密度高、减小了引线分布的影响、降低了寄生电容和电感、高频特性好,并增强了抗电磁干扰和射频干扰的能力。图 2-22 所示的是常用贴片元器件在电路中的应用。

图 2-22　贴片元器件在电路中的应用

大批量的贴片元器件焊接的电路,一般采用先进的表面贴装技术(SMT)生产线生产,如图 2-23 所示。

图 2-23　SMT 生产线

在电路维修和检测中,不可避免地需要进行手工焊接。因此,掌握手工焊接贴片方法是很有必要的。

1. 准备工作

准备工具:尖头防静电镊子、烙铁及烙铁架、焊锡丝、松香、海绵等。

2. 两引脚封装贴片元器件焊接

常见的两引脚封装分立元器件有电阻、电容、二极管等,焊接操作步骤如表2-11所示。

表2-11 两引脚封装贴片元器件焊接操作步骤

步骤	说明	图示	注意
1	将每一个元器件的一侧的焊盘上加一点焊锡	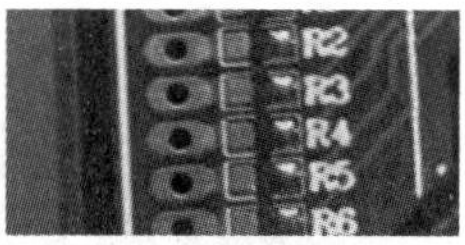 R2 R3 R4 R5 R6	不要加焊锡太多,防止把两个焊盘连在一起
2	右手用烙铁将焊盘上的焊锡融化,左手用镊子夹位元器件,放到焊盘上,使元器件固定在焊盘上	 R1 R2 R3 R4 R5 R6	固定元器件时,注意把元器件摆正位置
3	焊接另一个引脚	 R1 R2 R3 R4 R5 R6	速度尽量快,以防烫坏元器件
4	为保证PCB板干净清洁,用酒精清洗一下	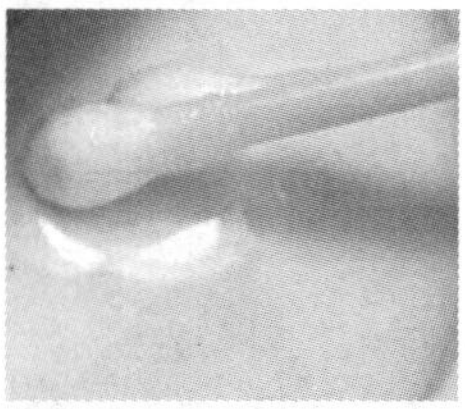	—

3. 集成芯片焊接

集成芯片焊接的操作步骤如表2-12所示。

表2-12 集成芯片焊接的操作步骤

步骤	说明	图示	注意
1	把集成芯片各引脚与PCB板上各焊盘对齐对准后,用左手压住	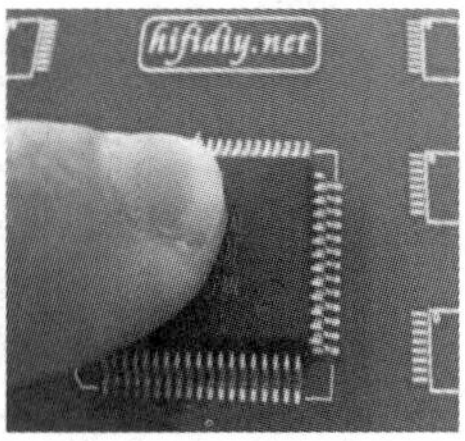 hifidiy.net	注意芯片引脚的顺序,且一定要对齐

续表

步骤	说明	图示	注意
2	使用融化的焊丝，焊接集成芯片的数个脚来固定芯片		每一侧的引脚都要固定，焊接时，芯片与PCB上的焊盘一一对应
3	在集成芯片每一侧的一端均匀的上焊丝		注意焊丝量适当
4	把PCB板斜放45°，以便引脚上的焊丝在融化的过程中可以顺势往下流动		—
5	把烙铁放入松香中，轻轻地甩掉烙铁头部多余的焊锡		不要随意甩掉焊锡，可用一个小纸盒装焊锡
6	把粘有松香的烙铁头迅速放到PCB的焊锡部分，将烙铁按照从上向下的方向拖焊		拖焊是整个过程中，最关键的环节，注意均匀用力，以免损坏芯片或PCB板

续表

步骤	说明	图示	注意
7	各面采用相同的方法，进行焊接		—
8	用酒精清洗松香，完成焊接		—

知识链接二　测试 CD4011 逻辑功能

如图 2-24 所示的为 CD4011 功能测试电路，CD4011 接 5 V 电源，14 脚接电源正极，7 脚接电源负极。

输入端按表 2-13 所示的要求输入信号，输入端接正电源为高电平输入（1 状态），输入端接地为低电平输入（0 状态）。

输出端接发光二极管，显示输出状态，如输出高电平（1 状态），则发光二极管亮，输出低电平（0 状态），则发光二极管灭。

注意：CD4011 多余的输入引脚应接至固定的高电平，不能悬空。

按表 2-13 所示的要求，改变输入端 A、B 的状态，观察输出端 Y 的状态，输出高电平时为 1 状态，输出低电平为 0 状态。

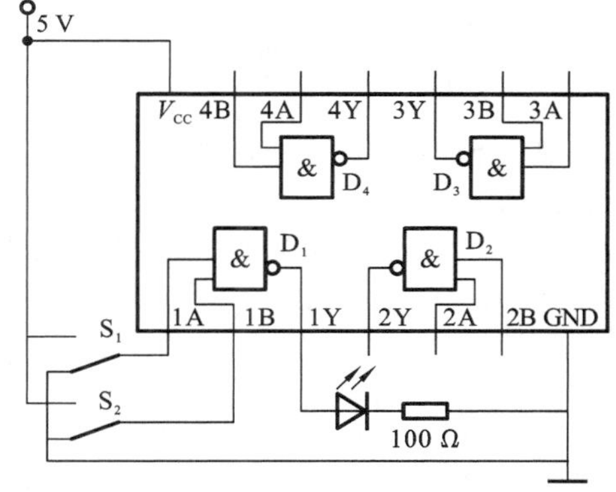

图 2-24　CD4011 功能测试电路

表 2-13　CD4011 功能测试要求

1A	1B	1Y	2A	2B	2Y	3A	3B	3Y	4A	4B	4Y
0	0		0	0		0	0		0	0	
0	1		0	1		0	1		0	1	
1	0		1	0		1	0		1	0	
1	1		1	1		1	1		1	1	

项目小结

本项目以装配声光控节能灯任务为引领，通过作业指导书介绍整个制作过程，包括具体的操作步骤、工艺要求、焊接质量、注意事项、自检互检等，让学生可以轻松地按照作业指导书完成声光控节能灯的装配和调试方法，训练学生装配与调试电子产品的技能，同时通过电路检测和分析，让学生理解电路原理。

声光控节能灯是通过感知环境中的声音和光线，从而通过集成芯片 CD4011 和晶闸管来控制 LED 照明电路的开启和关闭。

【考核与评价】

(1) 理解电路工作原理，利用测量仪器测量电路参数及相关数据。

(2) 掌握电子产品整机装配与调试、故障现象分析。

(3) 自评互评，填写如表 2-14 所示的自评互评表。

表 2-14 自评互评表

班级		姓名	学号	组别	
项目	考核要求	配分	评分标准	自评分	互评分
元器件的识别	按要求对所有元器件进行识别	20	元器件识别错误，每个扣2分		
元器件成型、插装与排列	(1)元器件按工艺要求成型。 (2)元器件符合插装工艺要求。 (3)元器件排列整齐、标示方向一致	20	(1)成型不合要求，每处扣1分。 (2)插装位置、工艺不合要求，每处扣2分。 (3)排列、标示不合理，扣3分		
导线连接	(1)导线挺直、紧贴 PCB 板。 (2)板上的连接线呈直线或直角，且不能相交	10	(1)导线弯曲、拱起，每处扣2分。 (2)连线弯曲、不直，每处扣2分。 (3)连接线相交，每处扣2分		
焊接质量	(1)焊点均匀、光滑、一致，无毛刺、无假焊等现象。 (2)焊点上引脚不能过长	20	(1)有搭锡、假焊、虚焊、漏焊、焊盘脱落等现象，每处扣2分。 (2)出现毛刺、焊料过多或过少、焊接点不光滑、引脚过长等现象，每处扣2分		

续表

<table>
<tr><td>班级</td><td colspan="2"></td><td>姓名</td><td></td><td>学号</td><td></td><td>组别</td><td colspan="2"></td></tr>
<tr><td>项目</td><td colspan="3">考核要求</td><td>配分</td><td colspan="3">评分标准</td><td>自评分</td><td>互评分</td></tr>
<tr><td>电路调试</td><td colspan="3">(1)工作是否正常。
(2)连线正确</td><td>20</td><td colspan="3">(1)不按要求进行调试，扣1～5分。
(2)调试结果不正常，扣5～20分</td><td></td><td></td></tr>
<tr><td>安全文明操作</td><td colspan="3">工作台上工具排放整齐，严格遵守安全操作规程，符合“6S”管理要求</td><td>10</td><td colspan="3">违反安全操作、工作台上脏乱、不符合“6S”管理要求，酌情扣3～10分</td><td></td><td></td></tr>
<tr><td rowspan="5">反思记录
（附加10分）</td><td colspan="3">项目</td><td></td><td colspan="3">记录</td><td></td><td></td></tr>
<tr><td colspan="3">故障排除</td><td>3</td><td colspan="3"></td><td></td><td></td></tr>
<tr><td colspan="3">你会做的</td><td>2</td><td colspan="3"></td><td></td><td></td></tr>
<tr><td colspan="3">你能做的</td><td>2</td><td colspan="3"></td><td></td><td></td></tr>
<tr><td colspan="3">任务创新方案</td><td>3</td><td colspan="3"></td><td></td><td></td></tr>
<tr><td>合计</td><td colspan="3"></td><td>100＋10</td><td colspan="3"></td><td></td><td></td></tr>
<tr><td colspan="10">学生交流改进总结：</td></tr>
<tr><td colspan="10">教师签名：</td></tr>
</table>

课后练习

1. 请简述 CD4011 的逻辑功能。
2. 请简述声光控节能灯的电路原理。

实训项目 3

流水灯制作

随着人们生活环境的不断改善，用LED彩灯来装饰已经成为了一种时尚。许多场所可以看到五彩缤纷、行云流水般的LED灯。本项目中，通过简单的多谐振荡器和计数器连接，驱动发光二极管逐个点亮，从而形成流水灯的效果。

学习目标

知识目标

(1) 掌握流水灯电路的手工制造流程。
(2) 掌握流水灯电路的结构和原理。
(3) 了解芯片NE555和CD4017的特点及功能。

技能目标

(1) 能够识别元器件并判断其好坏。
(2) 能够按IPC工艺要求焊接元器件。
(3) 能够依照作业指导书安装流水灯电路。
(4) 能够依照工艺文件调试流水灯电路。

职业素养目标

(1) 在操作前检查安全措施。
(2) 能够安全使用焊接设备及安装工具进行产品的装配。
(3) 规范使用仪器仪表。

任务一 认识电路

1. 流水灯电路简介

本项目中的流水灯电路利用多谐振荡器产生的矩形波作为时钟脉冲，送到十进制计数器 CD4017，利用其计数功能，驱动其输出端逐个输出高电平，使发光二极管逐个点亮。流水灯电路板如图 3-1 所示。

流水灯电路由多谐振荡器、十进制计数器两部分组成。流水灯电路方框图如图 3-2 所示。

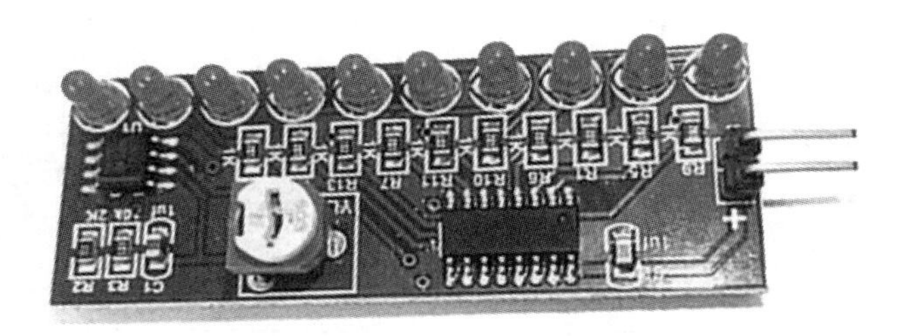

图 3-1 流水灯电路板

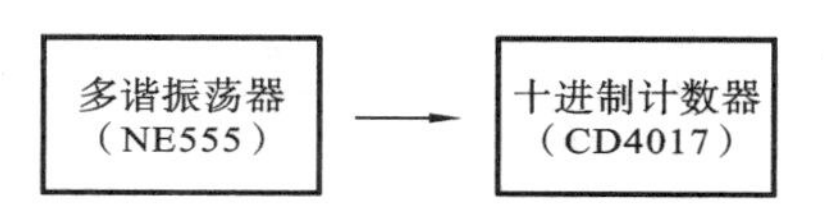

图 3-2 流水灯电路方框图

2. 流水灯原理

1）多谐振荡器电路

流水灯电路的多谐振荡器电路如图 3-3 所示。

多谐振荡器的核心元器件是 NE555。设电路中电容 C_1 两端的初始电压为 0，即小于 $V_{CC}/3$，NE555 输出端 3 脚为高电平。电源 C 经 R_2、R_3、R_4 对电容 C_1 充电，使电容 C_1 两端电压升高。随着电容充电，当电容两端电压大于 $2V_{CC}/3$ 时，电路状态翻转，NE555 输出端 3 脚输出低电平，此时放电端导通，电容通过 NE555 内部放电三极管放电，使电容两端电压逐渐下降。当电容两端电压小于 $V_{CC}/3$ 时，电路状态翻转，输出高电平，放电端断开，电容 C_1 又开始充电，如此重复形成振荡，NE555 的 3 脚输出连续矩形波。

2）十进制计数器电路

流水灯电路的十进制计数器电路如图 3-4 所示。

CD4017 是十进制计数器。由 NE555 3 脚输出矩形波送到 CD4017 的 14 脚作为时钟脉冲，CD4017 的 10 个输出端轮流产生高电平，则所对应的输出高电平引脚所接的发光二极管逐个点亮，从而形成流水灯的效果。

调节电位器 R_4，可改变多谐振荡器的频率，从而改变流水灯的速度。

3. 流水灯电路

流水灯电路如图 3-5 所示。

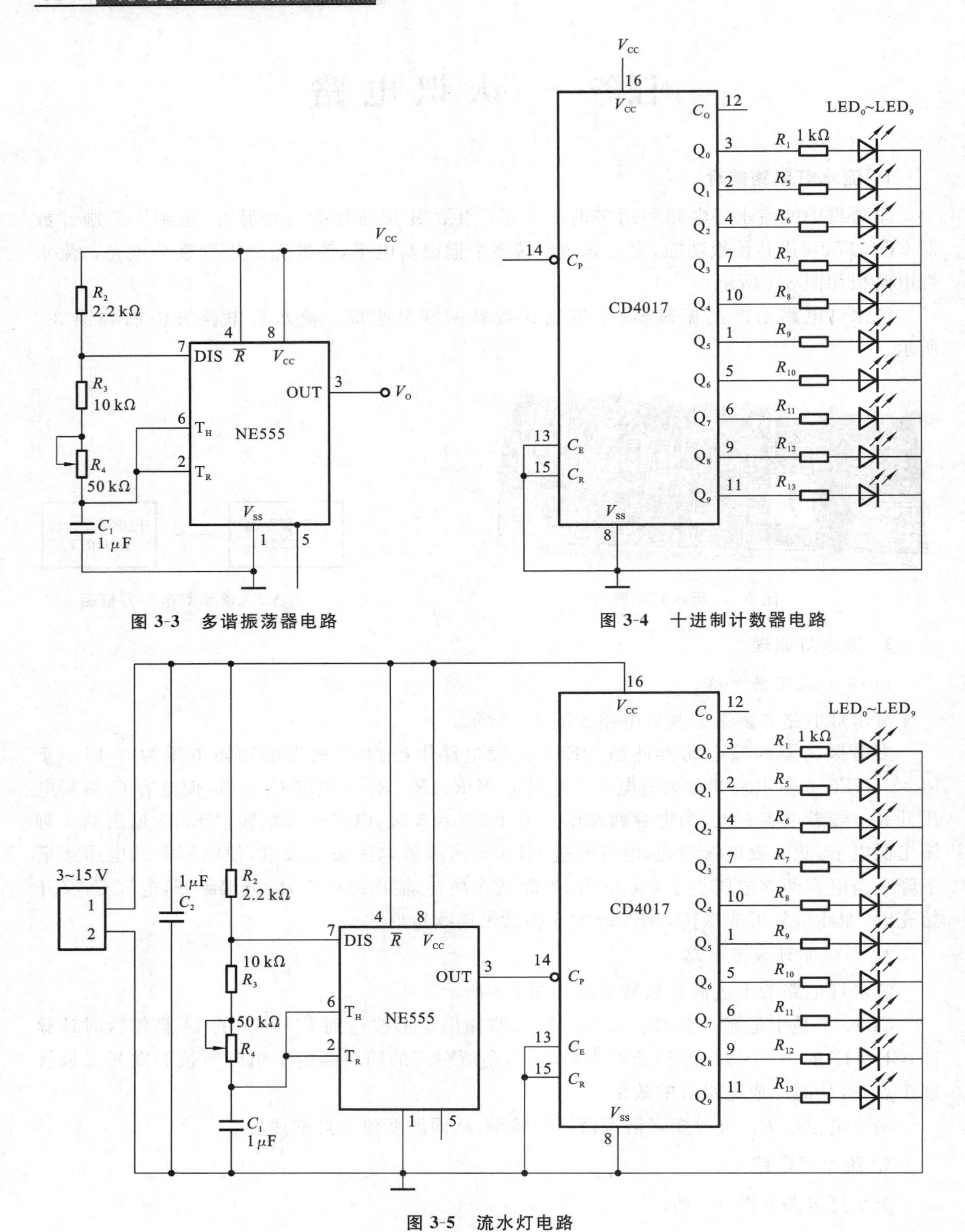

图 3-3 多谐振荡器电路

图 3-4 十进制计数器电路

图 3-5 流水灯电路

任务二　元器件的识别与检测

1. NE555 的识别与检测

1）NE555 的外形特点及引脚功能

NE555 电路是一种单片集成电路，其封装外形通常为 8 脚双列直插式和 8 脚双列贴片式，其外形如图 3-6 所示。

NE555 的引脚排列如图 3-7 所示，8 个引脚的名称分别为 1 脚接地端、2 脚触发输入端、3 脚输出端、4 脚置 0 复位端、5 脚电压控制端、6 脚阈值输入端、7 脚放电端、8 脚电源端。

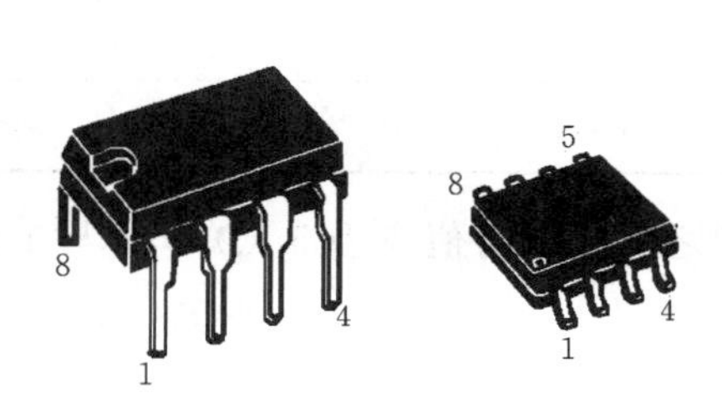

图 3-6　NE555 **外形**

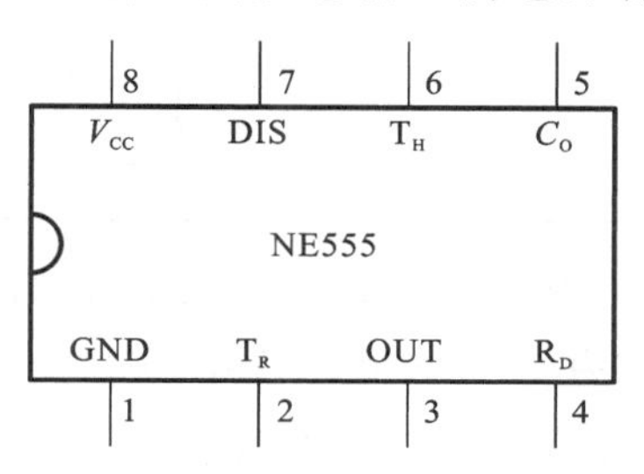

图 3-7　NE555 **引脚功能**

2）NE555 电路的内部结构及逻辑功能

NE555 电路由基本 R_S 触发器、比较器、分压器（三个 5 kΩ 的电阻串联而成）、晶体管开关和输出缓冲器组成，其内部结构图如图 3-8 所示。

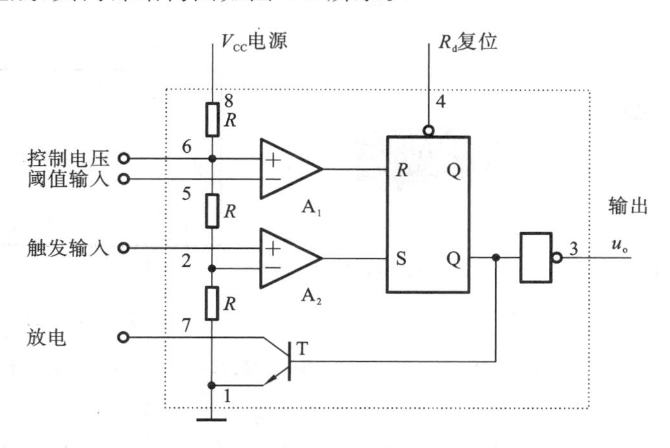

图 3-8　NE555 **电路的内部结构**

NE555 的逻辑功能如表 3-1 所示。

3）NE555 的检测

电路安装检测出现故障后，对 NE555 芯片进行判断是必须的，表 3-2 是指针型万用表在 $R\times1$ k 挡时，测量 NE555 各引脚对地电阻值。此值仅供参考，不同的万用表，不同的 NE555 电路，测量数据都会略有不同。

表 3-1　NE555 的逻辑功能

4 脚电压(置 0 复位端)	6 脚电压(阈值输入端)	2 脚电压(触发端)	3 脚电压(输出端)
低电平	×	×	低电平
高电平	$<2V_{CC}/3$	$<V_{CC}/3$	高电平
高电平	$>2V_{CC}/3$	$>V_{CC}/3$	低电平
高电平	$<2V_{CC}/3$	$<V_{CC}/3$	保持原来状态

表 3-2　NE555 各引脚对地电阻值

	各引脚分别接红表笔						
	2 脚	3 脚	4 脚	5 脚	6 脚	7 脚	8 脚
黑表笔接 1 脚	10 kΩ	8.5 kΩ	9.5 kΩ	8 kΩ	∞	8.5 kΩ	7.5 kΩ

另外，根据 NE555 内部结构可知，5 脚与 8 脚之间的电阻值应为 5 kΩ，5 脚与 1 脚之间的电阻值为 10 kΩ(黑表笔接 5 脚)。

2. CD4017 的识别与检测

1) CD4017 的外形特点及引脚功能

CD4017 是十进制计数/分频器。图 3-9 所示的是直插式和贴片式的 CD4017 外形图。

如图 3-10 所示，CD4017 有 10 个输出端($Q_0 \sim Q_9$)和 1 个进位输出端(C_0)。每输入 10 个计数脉冲，就可得到 1 个进位正脉冲，该进位输出信号可作为下一级的时钟信号。

(a) 直插式CD4017

(b) 贴片式CD4017

图 3-9　CD4017 外形

16 15 14 13 12 11 10 9

V_{CC} C_R C_P C_E C_O Q_9 Q_4 Q_8

CD4017

Q_5 Q_1 Q_0 Q_2 Q_6 Q_7 Q_3 GND

1 2 3 4 5 6 7 8

图 3-10　CD4017 引脚

CD4017 有 3 个输入端(C_R、C_P 和 C_E)，C_R 为清零端，当在 C_R 端上加高电平或正脉冲时，其输出端 Q_0 为高电平，其余输出端($Q_1 \sim Q_9$)均为低电平。C_P 和 C_E 是 2 个时钟输入端，若要用上升沿来计数，则信号由 C_P 端输入；若要用下降沿来计数，则信号由 C_E 端输入。设置 2 个时钟输入端，级联时比较方便，可驱动更多的二极管发光。由此可知，当 CD4017 有连续脉冲输入时，其对应的输出端依次变为高电平状态，所以可直接用作顺序脉冲发生器。

2) CD4017 的检测

一般借助万用表检测集成芯片的好坏。将万用表调到“$R\times100$”或“$R\times1$ k”挡，分别测量集成电路各引脚与接地(GND)引脚之间的正、反向电阻值(内部电阻值),并与正品的内部电阻值相比较。表3-3所示的为指针型万用表置于“$R\times1$ k”挡时,CD4017各引脚对地电阻值。此值仅供参考,不同的芯片,测量数据都会略有不同。

如果测量的电阻值与好的芯片的电阻值基本一致,则集成芯片正常;否则,集成芯片损坏。

表3-3 CD4017各引脚对地电阻值

	各引脚分别接红表笔														
	1脚	2脚	3脚	4脚	5脚	6脚	7脚	9脚	10脚	11脚	12脚	13脚	14脚	15脚	16脚
黑表笔接8脚	9 kΩ	9 kΩ	9 kΩ	9 kΩ	9 kΩ	9 kΩ	9 kΩ	9 kΩ	9 kΩ	9 kΩ	9 kΩ	9 kΩ	9 kΩ	9 kΩ	8 kΩ

任务三 电路搭接与调试

1. 清点元器件

流水灯元器件清单,如表3-4所示。

表3-4 流水灯电路元器件清单

序号	名称	型号规格	符号	数量	图示
1	集成电路	NE555	U_1	1	
2	集成电路	CD4017	U_2	1	
3	电阻	1 kΩ	R_1,$R_5\sim R_{13}$	10	
4	电阻	2.2 kΩ	R_2	1	
5	电阻	10 kΩ	R_3	1	

续表

序号	名称	型号规格	符号	数量	图示
6	电位器	50 kΩ	R_4	1	
7	电解电容	1 μF	C_1、C_2	2	
8	发光二极管	—	$\mathrm{LED}_0 \sim \mathrm{LED}_9$	10	
9	电路板	—	—	1	
10	2P弯排针	—	—	1	

2. 元器件的安装焊接

流水灯电路装配作业指导书如图3-11所示。

3. 电路调试

调试前，应认真、仔细核查各器件是否正确。主要检查以下几个方面。

(1) 检查发光二极管、电解电容的正负引脚是否安装正确。

(2) 检查NE555、CD4017引脚与PCB板是否对应。

(3) 检查有无错焊、漏焊、虚焊和桥接。

(4) 检查正负电源端是否短路。

确认电路无误后，在老师的指导下，将电路接入电源，注意电源正负极(本项目中电路电源可以采用3 V～15 V直流电源)。

此时，电路中的10个发光二极管$\mathrm{LED}_0 \sim \mathrm{LED}_9$依次点亮，形成流水一样的效果，调节电位器，可以调节流水灯的流速。

<table>
<tr><td colspan="2" rowspan="2"></td><td colspan="6" rowspan="2">作业指导书</td><td></td><td></td><td></td><td></td><td></td><td></td></tr>
<tr><td colspan="4">文件编号：</td><td>页码</td><td>1</td></tr>
<tr><td rowspan="2">适用场合</td><td>电子分厂</td><td>产品系列</td><td></td><td>工序编号</td><td></td><td>标准时间</td><td></td><td>编制/日期</td><td></td><td>会签/日期</td><td colspan="3"></td></tr>
<tr><td>电子车间</td><td>产品名称</td><td>流水灯</td><td>工序名称</td><td>电路板焊接</td><td>岗位人数</td><td></td><td>审核/日期</td><td></td><td>批准/日期</td><td colspan="3"></td></tr>
<tr><td colspan="4">图片说明</td><td colspan="4">操作步骤
（1）焊接贴片电阻和贴片电容。
（2）焊接集成芯片。
（3）焊接直插元件。</td><td colspan="6">自检内容
（1）连接符合焊接工艺标准。
（2）连线与原理图一致。
互检内容
（1）无漏焊、错焊、虚焊。
（2）参考电路图，连线与原理图一致。
注意事项
（1）此工序需戴防静电手套操作。
（2）规范使用工具和仪器仪表。

物料表
物料编码 ｜ 物料名称/规格 ｜ 数量
｜ 见流水灯元件清单 ｜

设备/工具
名称 ｜ 型号 ｜ 技术参数
焊接工具 ｜ ｜</td></tr>
</table>

图3-11　流水灯电路装配作业指导书

任务四　电路测试与分析

确认安装无误后，接通电源，测试并分析电路。

1. 检测电路

(1) 调节电位器 R_4，观察发光二极管的闪亮情况。

(2) 用万用表检测 NE555 6 脚和 2 脚的波形，读出频率，完成表 3-5。

表 3-5　检测电路

	波形	频率
3 脚		
6 脚		

注意：检测电路时，注意探头和表笔的连接，避免电路短路。

2. 分析电路

(1) 电路中，决定流水灯的频率的是______。

(2) 识读电路图 3-5，CD4017 的时针脉冲输入脚是______。

(3) CD4017 的输出脚是______。

任务五　电路常见故障与排除方法

1. 灯不亮

故障现象：接入电源，所有发光二极管不亮。

故障分析：造成这一故障的原因有很多，常见原因包括以下四种。

(1) 电源接触不良。

(2) CD4017 接触不良、安装不正确或损坏。

(3) NE555 接触不良、安装不正确或损坏。

(4) 电路板连接有断裂。

故障处理：仔细检查 NE555 和 CD4017 是否安装正确(集成芯片有缺口一面与印刷电路板标示相对应)；仔细确认芯片是否接触良好；用万用表测量电源是否接触良好，排除电源的问题；如果芯片损坏，替换即可。

2. 流水灯流速不能调节

故障现象：流水灯流速不能调节。

故障分析：流水灯的流速由 CD4017 的脉冲信号的频率来决定，而 CD4017 的脉冲信号来自于 NE555 及多谐振荡器，多谐振荡器的频率由电阻 R_2、R_3、R_4 和 C_1 决定，由此可知流水灯流速不能调节一般是电位器 R_4 损坏了。

故障处理：替换电位器 R_4。

知识链接 NE555 多谐振荡器

多谐振荡器是一种矩形波产生电路，这种电路不需要外加触发信号，就可以产生一定频率和一定宽度的矩形脉冲信号，常被用作脉冲信号发生器。多谐振荡器电路有很多种类，在此仅介绍本项目涉及的以 NE555 为核心元器件构成的多谐振荡器。多谐振荡器电路如图 3-12 所示。

集成芯片 NE555 外接的 R_1、R_2 和 C 为多谐振荡器的定时元器件，2 脚和 6 脚连接在一起，外接电容 C_1 接地，7 脚为 R_1、R_2 的连接点。

设电路中电容两端的初始电压为 0，刚接电源时 2 脚电压低于 $\frac{1}{3}V_{cc}$ 时，输出端 3 脚为高电平，$U_o=V_{cc}$。此时 V_{cc} 对电容 C 充电，充电回路为 $V_{cc}\rightarrow R_1\rightarrow R_2\rightarrow C\rightarrow$ 地，使电容两端电压 U_c 逐渐升高。当 $U_c>\frac{2}{3}V_{cc}$ 时，电路状态翻转，输出为低电平，$U_o=0$。此时 NE555 内部的放电端导通，电容放电，放电回路为 $C\rightarrow R_2\rightarrow$ NE555 内部的三极管$\rightarrow$地，使 U_c 逐渐下降。当 $U_c<\frac{1}{3}V_{cc}$ 时，电路状态翻转，输出为高电平，NE555 内部的放电端断开，电容 C 又开始充电，如此循环形成振荡，输出电压为连续的矩形波，工作波形如图 3-13 所示。

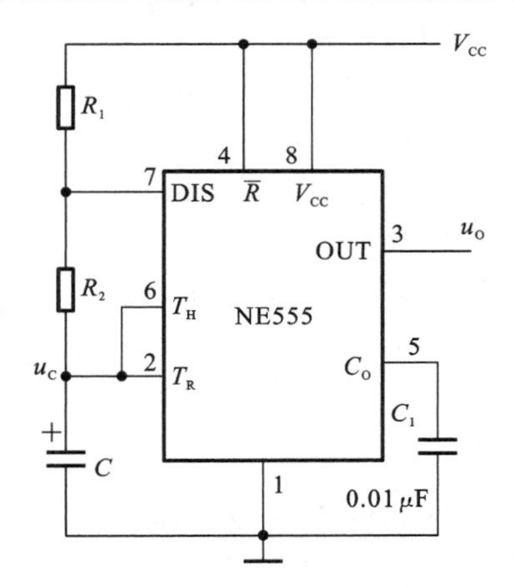

图 3-12 多谐振荡器电路

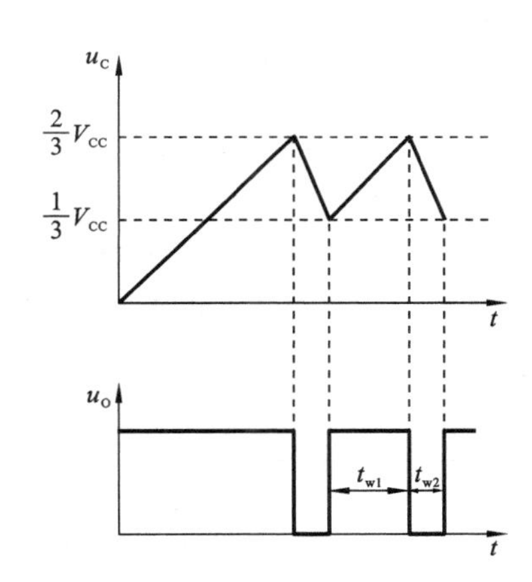

图 3-13 多谐振荡器的工作波形

电容充电形成的第一暂稳态时间 $t_{w_1}=0.7(R_1+R_2)C$，电容放电形成的第二暂稳态时间 $t_{w_2}=0.7R_2C$，所以，电路输出脉冲周期 $T=t_{w_1}+t_{w_2}=0.7(R_1+2R_2)C$。

项 目 小 结

本项目以装配流水灯任务为引领，通过作业指导书介绍整个制作过程，包括具体的操作步骤、工艺要求、焊接质量、注意事项、自检互检等，让学生可以轻松地按照作业指导书完成流水灯的装配和调试方法，训练学生装配与调试电子产品的技能，同时通过电路检测和分析，让学生理解电路原理。

流水灯由 NE555 多谐振荡器产生的矩形波信号送入 CD4017 十进制计数器作为脉冲信号，使 CD4017 的 10 个输出端依次输出高电平，从而使输出端连接的发光二极管 LED 逐个点亮，形成流水灯的效果。

【考核与评价】

(1) 理解电路工作原理，利用测量仪器测量电路参数及相关数据。

(2) 掌握电子产品整机装配与调试、故障现象分析。

(3) 自评互评，填写如表 3-6 所示的自评互评表。

表 3-6 自评互评表

班级		姓名		学号		组别	
项目	考核要求		配分	评分标准		自评分	互评分
元器件的识别	按要求对所有元器件进行识别		20	元器件识别错误，每个扣 2 分			
元器件成型、插装与排列	(1)元器件按工艺要求成型。 (2)元器件符合插装工艺要求。 (3)元器件排列整齐、标示方向一致		20	(1)成型不合要求，每处扣 1 分。 (2)插装位置、工艺不合要求，每处扣 2 分。 (3)排列、标示不合理，每处扣 3 分			
导线连接	(1)导线挺直、紧贴 PCB 板。 (2)板上的连接线呈直线或直角，且不能相交		10	(1)导线弯曲、拱起，每处扣 2 分。 (2)连线弯曲、不直，每处扣 2 分。 (3)连接线相交，每处扣 2 分			
焊接质量	(1)焊点均匀、光滑、一致，无毛刺、无假焊等现象。 (2)焊点上的引脚不能过长		20	(1)有搭锡、假焊、虚焊、漏焊、焊盘脱落等现象，每处扣 2 分。 (2)出现毛刺、焊料过多或过少、焊接点不光滑、引脚过长等现象，每处扣 2 分			
电路调试	(1)工作是否正常。 (2)连线是否正确		20	(1)不按要求进行调试，扣 1～5 分。 (2)调试结果不正常，扣 5～20 分			

续表

<table>
<tr><td>班级</td><td colspan="2"></td><td>姓名</td><td></td><td>学号</td><td></td><td>组别</td><td></td></tr>
<tr><td>项目</td><td colspan="3">考核要求</td><td>配分</td><td colspan="2">评分标准</td><td>自评分</td><td>互评分</td></tr>
<tr><td>安全文明操作</td><td colspan="3">工作台上工具排放整齐，严格遵守安全操作规程，符合“6S”管理要求</td><td>10</td><td colspan="2">违反安全操作、工作台上脏乱、不符合“6S”管理要求，酌情扣3～10分</td><td></td><td></td></tr>
<tr><td rowspan="5">反思记录
（附加10分）</td><td colspan="3">项目</td><td></td><td colspan="2">记录</td><td></td><td></td></tr>
<tr><td colspan="3">故障排除</td><td>3</td><td colspan="2"></td><td></td><td></td></tr>
<tr><td colspan="3">你会做的</td><td>2</td><td colspan="2"></td><td></td><td></td></tr>
<tr><td colspan="3">你能做的</td><td>2</td><td colspan="2"></td><td></td><td></td></tr>
<tr><td colspan="3">任务创新方案</td><td>3</td><td colspan="2"></td><td></td><td></td></tr>
<tr><td>合计</td><td colspan="3"></td><td>100＋10</td><td colspan="2"></td><td></td><td></td></tr>
<tr><td colspan="9">学生交流改进总结：</td></tr>
<tr><td colspan="9">教师签名：</td></tr>
</table>

课后练习

1. 请简述NE555的逻辑功能。
2. 请简述流水灯的电路原理。

实训项目 4

光幻广州塔

光幻广州塔是依据广州代表性建筑广州塔（见图 4-1）的形状设计出的电子套件，以 10000∶1 的比例微缩成形的光立方器件，采用 STC12C5A60S2 作为控制系统，显示部分采用的是 16×16 的点阵显示原理，由 200 多只 LED 组成小蛮腰形状的三维空间。通过单片机内部的 ADC 功能，控制 LED 发光，利用人眼视觉暂留效应，可实现多种动画效果，音频模式下可伴随音乐节奏而跳跃，呈现出绚丽的效果，还具有红外遥控功能，可切换各种模式和完成调试。

图 4-1　广州塔夜景

学习目标

知识目标

(1) 了解光幻广州塔电子产品的工艺结构。
(2) 能够依照工艺文件标准装配光幻广州塔。
(3) 能够依照工艺文件标准调试光幻广州塔。

技能目标

（1）会依照工艺文件装配较复杂的电子整机产品。
（2）会依照工艺文件调试较复杂的电子整机产品。
（3）会简单编写单片机的程序。

职业素养目标

（1）保持操作工位清洁、卫生。
（2）在操作前进行安全措施检查。
（3）能够安全使用焊接设备及安装工具进行产品的装配。
（4）正确使用仪器、仪表，注意探头或表笔的摆放，防止短路。

任务一 认识电路

1. 光幻广州塔简介

广州塔又称广州新电视塔，昵称“小蛮腰”。广州塔塔身主体高 454 m，天线桅杆高 146 m，总高度 600 m，是中国第一高塔。塔身灯光由 1080 个节点的 LED 灯组成，通过计算机控制电路，可以产生各种变化的视频广告效果。本次实训任务为制作 10000∶1 的小型光幻广州塔——受音乐控制的小蛮腰，能随音乐翩翩起舞，具有无线蓝牙遥控，有 16 种动画效果。其底板由一块 STC12C5A60S2 单片机组成控制电路，高亮七彩 LED 组成小蛮腰形状的三维空间。光幻广州塔的效果图如图 4-2 所示。

光幻广州塔采用 STC12C5A60S2 单片机作为控制系统，显示部分采用的是 16×16 的点阵显示原理，通过对 STC12C5A60S2 单片机进行编程，然后输出信号送到显示电路，以控制每个 LED 灯的亮灭，利用人眼的暂留效应，呈现出不同的图案和动画。光幻广州塔包括硬件设计和软件设计两个部分，系统的总体设计方框图如图 4-3 所示。

图 4-2 光幻广州塔效果图

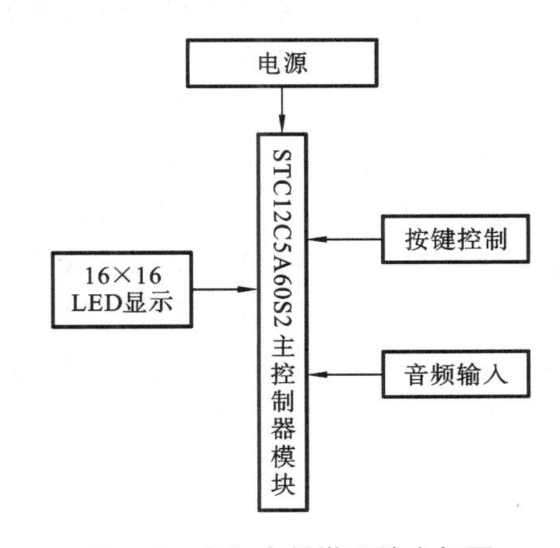

图 4-3 光幻广州塔系统方框图

2. 硬件实现及单元电路设计

1）主控制模块

主控电路的STC12C5A60S2单片机是宏晶科技生产的单时钟、机器周期为1T的单片机，其外观如图4-4所示。它是高速、低功耗、超强抗干扰的新一代8051单片机，指令代码完全兼容传统8051单片机，但速度快8～12倍。内部集成MAX810专用复位电路、2路PWM、8路高速10位A/D转换(250 kHz)，针对电动机控制、强干扰场合。

本电路是由STC12C5A60S2单片机为控制核心，其和8051的指令、引脚完全兼容，而且其片内具有大容量的程序存储器采用FLASH工艺，具有串口烧写编程功能、低功耗。时钟源电路有很多种，比如阻容低速时钟源、普通晶体时钟源、带缓冲放大的晶体时钟源等，考虑到电路稳定及材料选购等方面的因素，决定采用普通晶体时钟源，其中晶体用12 MHz的石英晶振。显示部分由256个七彩LED灯组成。

单片机的最小系统就是让单片机能正常工作并发挥其功能所必需的组成部分，也可理解为用最少的元器件组成单片机工作的系统。STC12C5A60S2单片机的最小系统一般应包括单片机、时钟电路、复位电路、输入/输出设备和电源等，系统框图如图4-5所示。单片机最小系统电路如图4-6所示。

图4-4 STC12C5A60S2 **单片机外观**

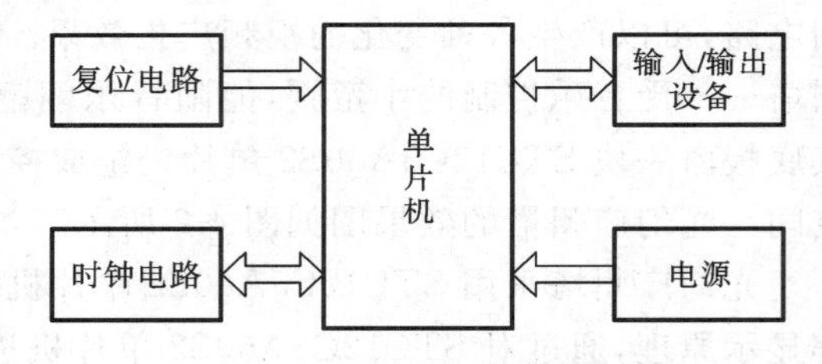

图4-5 单片机最小系统框图

2）硬件电路

光幻广州塔所用单片机控制系统主要由电源模块、LED驱动模块、红外遥控模块、时钟电路组成，电路原理图如图4-7所示。

(1) 电源模块。

电源模块是可以直接贴装在印刷电路板上的电源供应器，其特点是可以为专用集成电路(ASIC)、数字信号处理器(DSP)、微处理器、存储器、现场可编程门阵列(FPGA)及其他数字或模拟负载供电。一般来说，这类模块称为负载点(POL)电源供应系统或使用点电源供应系统(PUPS)。由于模块式结构的优点甚多，因此模块电源广泛应用于交换设备、接入设备、移动通信、微波通信以及光传输、路由器等通信领域，以及汽车电子、航空航天等领域。

本电路电源部分的设计采用5 V直流电源供电，使用电解电容进行滤波，电路供电更加稳定，如图4-8所示。

(2) LED驱动模块。

LED驱动采用的是直接用单片机引脚驱动的方法，因为STC12C5A60S2单片机的引脚

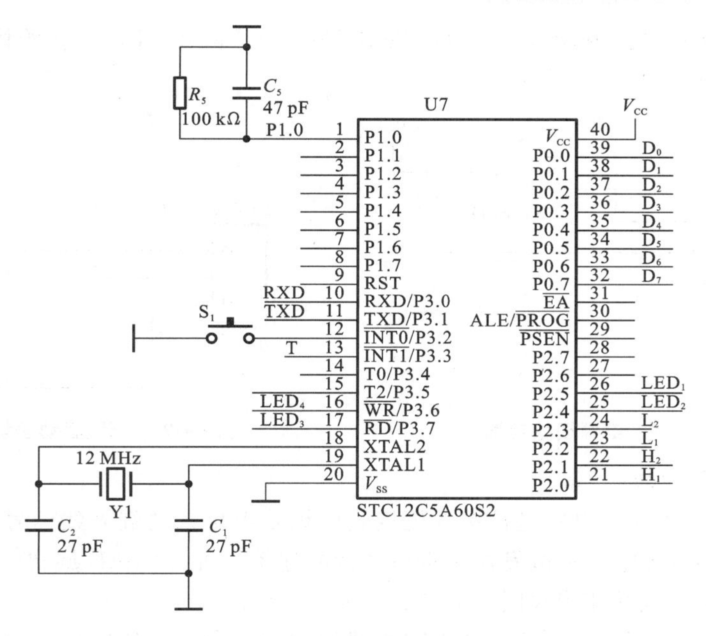

图 4-6　单片机最小系统电路

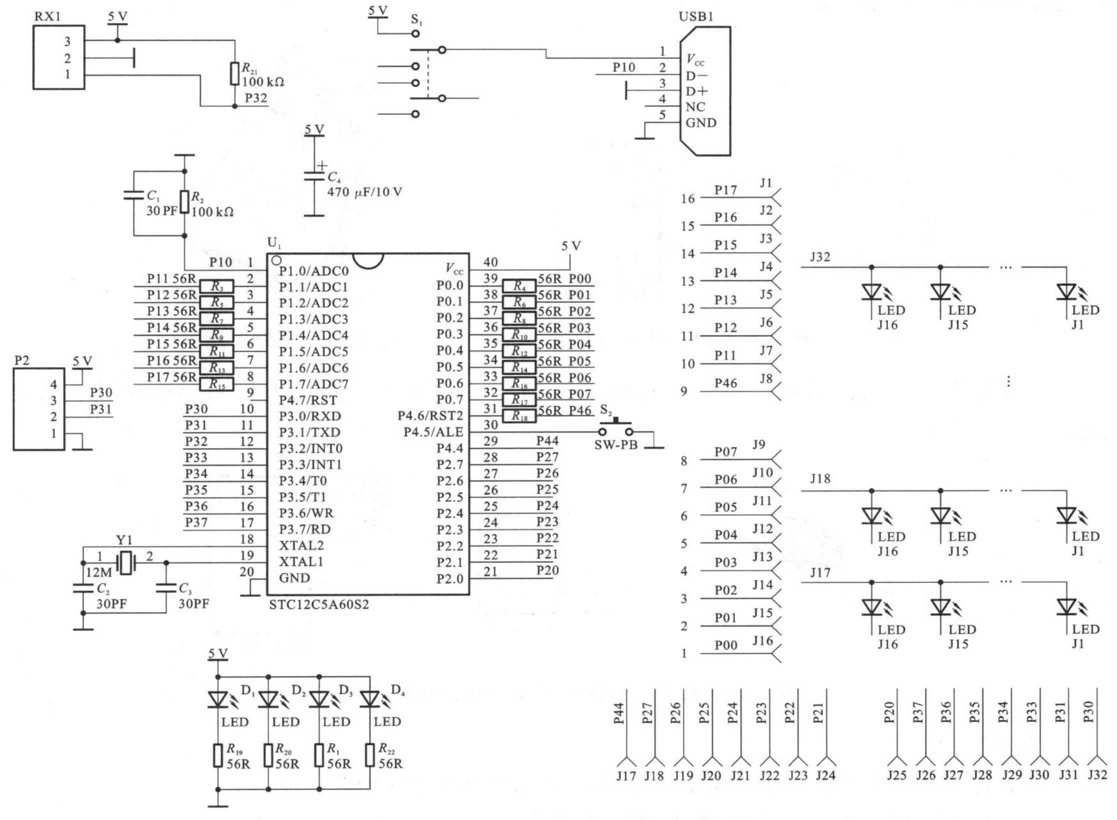

图 4-7　单片机控制系统电路原理图

电流可达 20 多毫安，足以驱动光幻广州塔的 LED。为了保证 LED 工作的稳定性，还在电路中加入了限流电阻，如图 4-9 所示。

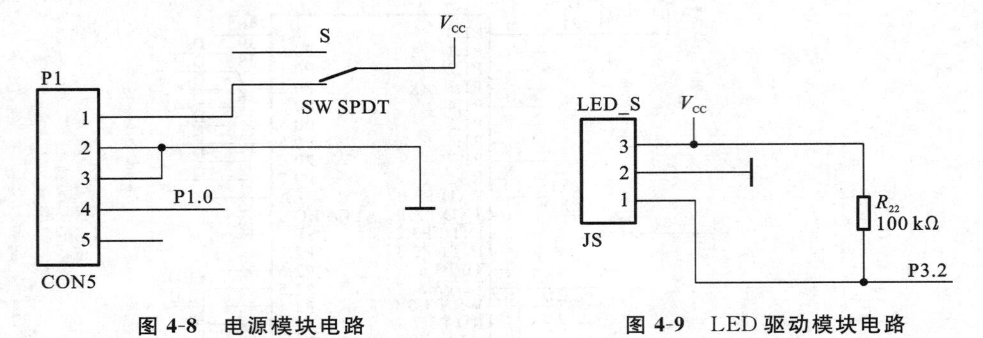

图 4-8 电源模块电路　　图 4-9 LED 驱动模块电路

(3) 红外遥控模块。

单片机红外接收同步电路是让单片机接收底板发射出来的红外线信号，计算 LED 旋转一周所需要的时间，确定单片机发送字符或图像的起始位置，使 LED 旋转一周后能呈现稳定的文字或图像，单片机红外接收同步电路如图 4-10 所示。

使用红外遥控器可以选择不同的文字或图像显示模式。红外遥控发射器采用常见的手持式红外遥控发射器，如图 4-11 所示。

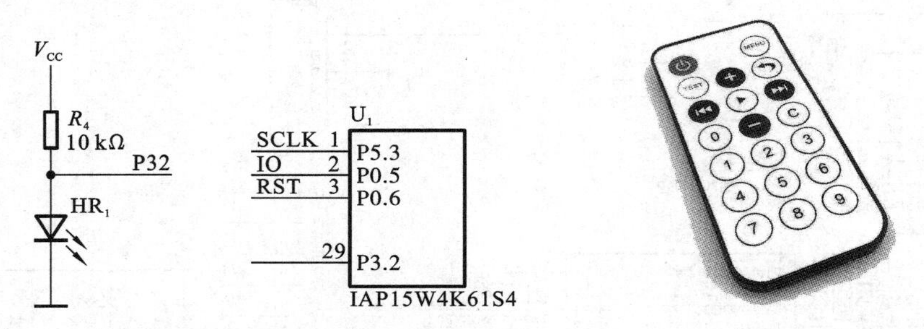

图 4-10 单片机红外接收同步电路　　图 4-11 红外遥控器

红外遥控接收电路采用红外一体化接收头 HS0038，红外一体化接收头与单片机连接电路如图 4-12 所示。

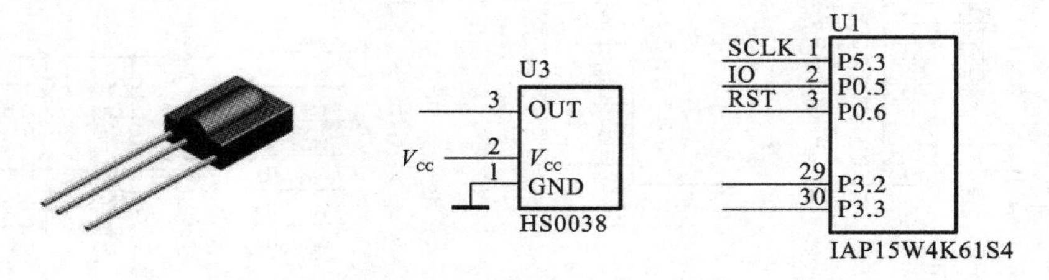

图 4-12 红外一体化接收头与单片机连接电路

(4) 时钟电路。

在了解设计时钟电路之前，需要先了解单片机上的时钟引脚。

$XTAL_1$(19 脚)：芯片内部振荡电路输入端。

$XTAL_2$(18 脚)：芯片内部振荡电路输出端。

$XTAL_1$ 和 $XTAL_2$ 是独立输入和输出反相放大器，它可以被配置为使用石英晶振的片内振荡器。

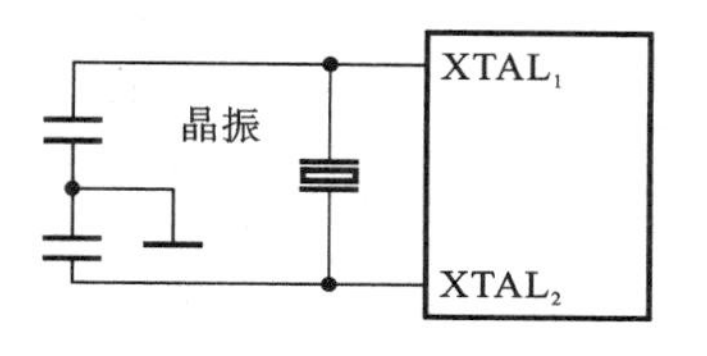

图 4-13　时钟电路

内部方式的时钟电路如图 4-13(a)所示，在 $XTAL_1$、$XTAL_2$ 的引脚上外接定时元器件(一个石英晶体和两个电容)，内部振荡器便能产生自激振荡。经过综合考虑，本设计中采用了 11.0592 MHz 的石英晶振。和晶振并联的两个电容的大小对振荡频率有微小影响，可以起到频率微调作用。一般情况下选取 33 pF 的陶瓷电容就可以了。

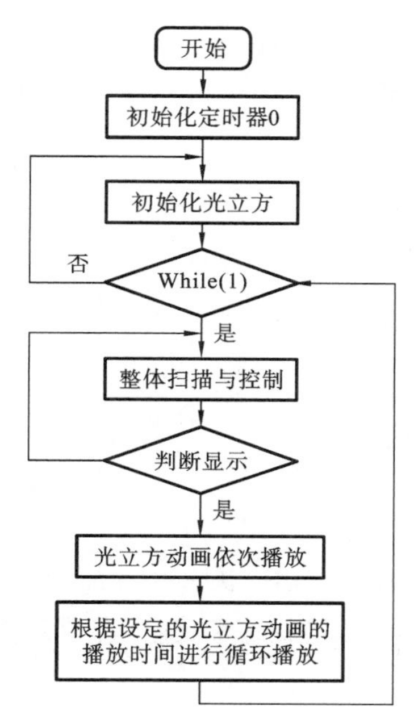

图 4-14　主程序框图

检测晶振能否起振的方法：一是使用示波器观察 $XTAL_2$ 能否输出非常完整的正弦波；二是使用万用表测量(把挡位打到直流挡，这个时候测得的是有效值)$XTAL_2$ 和地之间的电压，是否为 2 V 左右。

3. 系统程序设计

光幻广州塔控制系统的设计采用 C 语言编写，按照模块化的设计思路设计程序，首先分析程序要实现的功能，然后编写不同的程序显示。本设计采用 Keil 软件来编写程序和调试程序。在使用 Keil 时，一定要先输出.hex 文件，因为 STC-ISP.exe 只有.hex 文件才能写入单片机。

1) 主程序设计

主程序函数的运行流程框图如图 4-14 所示。

首先，将系统所需文件的宏定义文件包含进来。定义：74hc573 控制输入模块 P0；uln2803 驱动模块 P1；74hc573 控制输出模块 P2。

初始化定时器 0，延时 5 μs，开中断，使其处于等待中断状态。接着，初始化光立方体，驱动光立方体，利用扫描形式使光立方体的 LED 灯逐个点亮形成动画，参考程序如下。

```
void main()
{
    while(1)
    {
        hongbegin();                    //红由亮到暗
        hongend();                      //红由暗到亮
        P2= 0XFF;                       //关闭 P2 以免影响下面黄色灯效果
        huangbegin();                   //黄由亮到暗
        huangend();                     //黄由暗到亮
        chengsedeng();                  //橙色灯
        huangsebianhongse();            //黄色变红色
         miansheng();                   //面上升
        mianjiang();                    //面下降
```

```
mianzuodaoyou();                    //面从左到右
mianyoudaozuo();                    //面从右到左
shuidi();                           //模仿水滴效果(从最上一排下落)
luoxuansheng();                     //螺旋上升
luoxuanjiang();                     //螺旋下降
pingheng();                         //平衡
yinxiangshang();                    //音响效果上下
yinxiangzuo();                      //音响效果左右
sxingsaomian();                     //S形扫面
litixuanzhuan();                    //立体旋转
zuoshangliang();                    //从左上角一点亮到全体亮
sijiaoneishou();                    //四角向内收
shuidijiandong();                   //仿水滴溅动
shuibo();                           //仿水波浪
feiji();                            //仿飞机飞行
chaojimali();                       //超级玛丽
chengsedeng();                      //橙色灯
huangbegin();                       //黄由亮到暗
huangend();                         //黄由暗到亮
hongend();                          //红由暗到亮
hongbegin();                        //红由亮到暗
jiesu();                            //结束函数
```

附 1. 呼吸灯效果参考程序

呼吸灯是渐亮、渐灭的,其实就是 PWM,通俗的讲就是控制一个周期内的导通时间,周期内的导通时间逐渐增加,自然就越来越亮,导通时间逐渐减小,自然就越来越暗,直到完全熄灭。下面是实现这个效果的部分代码。

```
/* P1为黄色,P2为红色。   P0为阴极* /
uchar code table[]= {                //呼吸灯专用
0,0,1,2,3,4,5,6,7,8,9,10,
11,12,13,14,15,16,17,18,
19,20,21,22,23,24,25,26,27,
28,29,30,31,32,33,34,35,36,
37,38,39,40,41,42,43,44,45,
46,47,48,49,50,51,52,53,54,
55,56,57,58,59,60,61,62,63,
64,65,66,67,68,69,70,71,72,
73,74,75,76,77,78,79,80,81,82,
83,84,85,86,87,88,89,90,91,
92,93,94,95,96,97,98,99,100,101,102,103,104,105,106,107,108,109,
110,111,112,113,114,115,116,117,118,119,120,121,122,123,124,125,
126,127,128,129,130,131,132,133,134,135,136,137,138,139,140,141,
142,143,144,145,146,147,148,149,150,};
void delay(uint z)
```

```
{
        uint x,y;
        for(x= 5;x> 0;x- - )
        for(y= z;y> 0;y- - )
}
void hongbegin()                    //全亮 红色灭
{
    int i;
    for(i= 0;i< 140;i+ + )
    {
        honglight2(i);
    }
    P0= 0x00;                       //保持亮的状态
    P2= 0xff;
    P1= 0xff;

}
void honglight2(uchar num2)         //由亮到灭(可以理解为亮的时间由长到短,灭的时
                                      间由短到长)
{
        uchar j;
        P0= 0xff;                   //首先关闭 P0
        P2= 0x00;                   //打开 P2
        j = table[num2];
        delay(j);                   //延时(由短到长)
        P0= 0x00;                   //打开 P0 变亮
        P2= 0x00;
        delay(150-j);               //延时由长到短
}
```

附2.动画效果参考程序

动画是由图片快速播放形成的,光幻广州塔的光立方体动画效果依据的也是这个原理。下面是实现这个效果的部分代码。

```
unsigned char code
            tabP0[]= {0xFE,0xFD,0xFB,0xF7,0xEF,0xDF,0xBF,0x7F};
                                    //低电平扫描,每次只让亮一排(一个 P0)
void mianjiang()
{

    unsigned char code tabP2[3][8]= { //定义数组,储存数据

        {0x00,0xFF,0xFF,0xFF,0x00,0xFF,0xFF,0xFF},
        {0x00,0x00,0xFF,0xFF,0x00,0x00,0xFF,0xFF},
        {0x00,0x00,0x00,0xFF,0x00,0x00,0x00,0xFF},
```

```
};

int j,k,i;                              //定义三个变量
for(j= 0;j< 3;j+ + )                    //j 为图像个数
{
    for(k= 0;k< 20;k+ + )               //k 为每个图像存在时间,k 值越大则单个图像存
                                          在的时间越长
    {
        for(i= 0;i< 8;i+ + )            //每个图像由八帧构成
        {     P2= 0XFF;                 //此函数用于消除残留的阴影
            //P0= 1;
            P0= tabP0;                  //将阴极 P0 取出
            P2= tabP2[j];               //将数组阳极取出
            P1= 0XFF;                   //将 P1 关闭以免影响红色效果
             ys(2);                     //根据人眼暂留效应,加大可看见整个亮灯过程,
                                          减小即可显示稳定图像
```

2）参考完整程序

有兴趣的读者可以如下百度网盘地址查看完整光幻广州塔完整程序。

https://pan.baidu.com/disk/home? #category/type=4&vmode=list

任务二　元器件的识别与检测

1. 装配准备

在装配之前，准备工具、元器件。

1）工具的准备

装配电子万年历所需要的工具主要有万用表、电烙铁、海绵、松香、镊子、斜口钳、十字旋具、一字旋具和焊锡丝，如图 4-15 和图 4-16 所示。

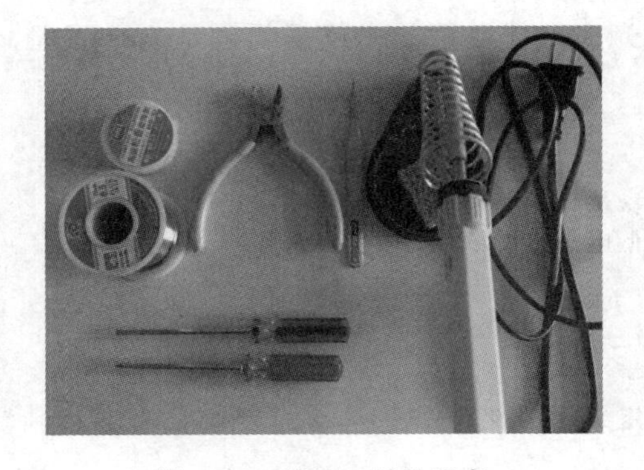

图 4-15　焊接工具的准备

图 4-16　万用表

2）元器件、材料的准备和检查

装配前将电子万年历的元器件按元器件清单整理、归类，以便进行检测与焊接。

3）印制电路板检查

对照如图 4-17 所示的印制电路板，即 PCB 板，检查有无铜箔短路、断路，孔位尺寸存在缺陷的地方。

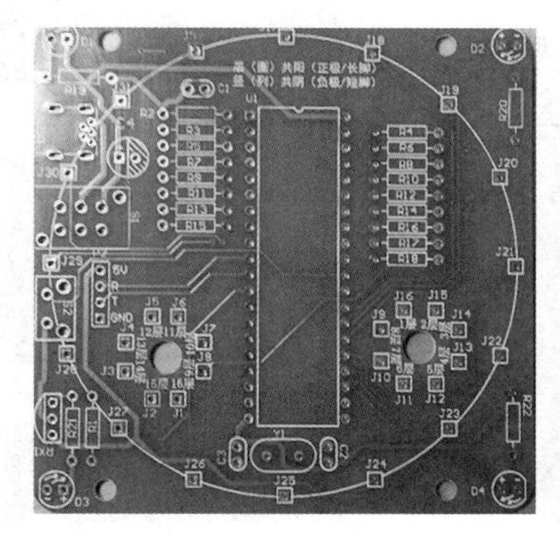

图 4-17　光幻广州塔底板印制电路板

2. 元器件识别与检测

在制作之前，应对照清单将电子万年历的元器件进行识别与清点，检查有无漏焊、错焊、损坏等现象，如表 4-1、图 4-18 所示。

表 4-1　光幻广州塔元器件清单

名称	型号	数量	符号	图片
瓷片电容	30 pF	3	C_1、C_2、C_3	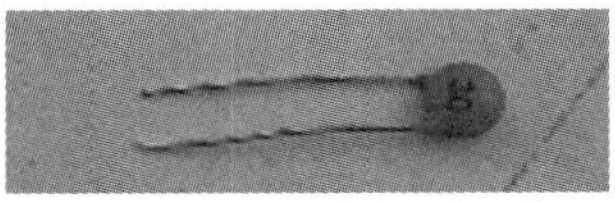
电解电容	470 μF/10 V	1	C_4	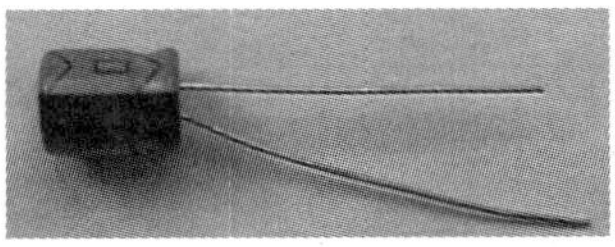
七彩 LED	5 mm	4	VD_1、VD_2、VD_3、VD_4	
排针	4PIN	1	P_2	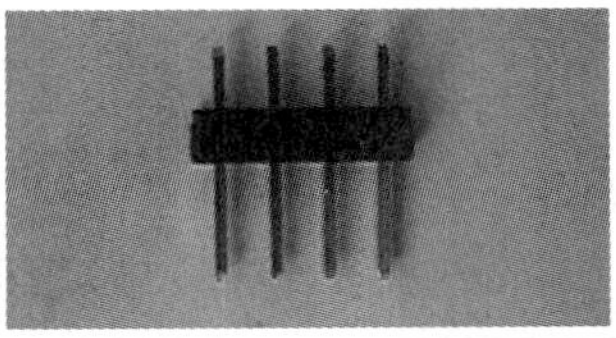

续表

名称	型号	数量	符号	图片
直插电阻	100 kΩ/0.25 W	2	R_2、R_{21}	
直插电阻	56 kΩ/0.25 W	20	R_1、R_3、R_4、R_5、R_6、R_7、R_8、R_9、R_{10}、R_{11}、R_{12}、R_{13}、R_{14}、R_{15}、R_{16}、R_{17}、R_{18}、R_{19}、R_{20}、R_{22}	
红外接收头	HS1838B	1	RX_1	
侧卧开关	PS-22F03	1	S_1	
轻触开关	6×6×9 侧接 H 支架	1	S_2	
单片机	STC12C5A60S2	1	U_1	
芯片座	40 P	1	U_1	
USB 母头	mini USB 直插	1	USB_1	
晶振	12 MHz	1	Y_1	

续表

名称	型号	数量	符号	图片
红外遥控器	—	1	1	—
线	—	—	1.5 m(白色)	—
模板	—	1	—	—
双通铜柱	m3 * 12	4	—	—
螺钉	m3 * 6	4	—	—
一分二 音频座	—	1	—	—
电源音频 一体线	—	1	—	—
七彩 LED	—	300	—	—

图 4-18　光幻广州塔套件

任务三　电路焊接与调试

1. 底板的安装

1）电阻、电容、晶振的焊接

电阻、电容、晶振的焊接步骤如下。

(1) 按照元器件清单将色环电阻及电容归类放好，并核对元器件数量、封装。

(2) 在 PCB 板上找到器件相对应的标示位置。

(3) 焊接时按照先低后高的顺序将元器件焊接到 PCB 板相对应的位置。

(4) 先焊接色环电阻，后焊接瓷片电容、晶振。

2）电阻、电容、晶振的安装要求

电阻、电容、晶振的安装应符合以下要求。

(1) 元器件标示清晰可见。

(2) 元器件同方向放置。

① 色环电阻横向放置时，第一环统一向左，误差环统一向右；色环电阻纵向放置时，第一环统一向上，误差环统一向下。

② 瓷片电容放置时，标示统一面向操作者。

③ 电解电容放置时，注意器件的正负极性。

④ 晶振 Y_1 紧贴 PCB 板。

(3) 所有锡铅焊点应当有光亮、光滑的外观。

光幻广州塔电路装配作业指导书如图 4-19 所示。

3）芯片座、排针及七彩 LED 的焊接

芯片座、排针及七彩 LED 的焊接步骤如下。

(1) 按照元器件清单整理好芯片座、排针、七彩 LED，并核对元器件数量、封装。

(2) 在 PCB 板上找到元器件相对应的位置。

(3) 焊接时按照先低后高的顺序将元器件焊接到 PCB 板相对应的位置。

(4) 先焊接排针、七彩 LED，后焊接芯片座。

4）芯片座、排针及七彩 LED 的安装要求

芯片座、排针及七彩 LED 的安装应符合以下要求。

(1) 按照 PCB 板的引脚排列顺序放置芯片座，焊接时要保持芯片座水平，注意缺口方向。

(2) 七彩 LED 的引脚是长正短负，不要焊错方向。

(3) 排针短引脚一边紧贴底板焊接。

(4) 所有锡铅焊点应当有光亮、光滑的外观。

装配作业指导书如图 4-20 所示。

5）开关、按键、红外接收管及 Mini USB 母头的焊接

开关、按键、红外接收管及 Mini USB 母头的焊接步骤如下。

(1) 按照元器件清单整理好开关、按键、红外接收管、Mini USB 母头，并核对元器件数量、封装。

(2) 在 PCB 板上找到元器件相对应的位置。

(3) 焊接时按照先低后高的顺序将元器件焊接到 PCB 板相对应位置。

(4) 先焊接 Mini USB 母头，后焊接开关、按键、红外接收管。

6）开关、按键、红外接收管及 Mini USB 母头的安装要求

开关、按键、红外接收管及 Mini USB 母头的安装应符合以下要求。

(1) 开关、按键紧贴底板焊接。

(2) 红外接收管留出 1～1.5 cm 的距离。

(3) 所有锡铅焊点应当有光亮、光滑的外观。

装配作业指导书如图 4-21 所示。

<table>
<tr><td colspan="2"></td><td colspan="4">作业指导书</td><td colspan="3">文件编号：TG22-HR495</td><td>页码</td><td>1</td></tr>
<tr><td rowspan="2">适用场合</td><td>电子分厂</td><td>产品系列</td><td></td><td>工序编号</td><td></td><td>标准时间</td><td></td><td>编制/日期</td><td>会签/日期</td><td></td></tr>
<tr><td>电子车间</td><td>产品名称</td><td>光幻广州塔</td><td>工序名称</td><td></td><td>岗位人数</td><td></td><td>审核/日期</td><td>批准/日期</td><td></td></tr>
<tr><td colspan="4">图片说明</td><td colspan="4">操作步骤
（1）将元器件分类，清点元器件的数量和型号，并与清单核对。
（2）按照清单焊接穿孔元器件。焊接要做到焊点质量高，穿孔电阻阻值方向一致，无虚焊、漏焊、错焊现象，注意从低到高焊接。</td><td colspan="3">自检内容
（1）贴片元器件和穿孔元器件的焊接符合焊接工艺标准。
（2）型号与清单和 PCB 板上的标示一致。
互检内容
无漏焊、错焊、虚焊。
注意事项
此工序需戴防静电手套操作。</td></tr>
</table>

物料表

物料编码	物料名称/规格	数量
	见电源模块清单	

设备/工具

名称	型号	技术参数
焊接工具		

图 4-19　光幻广州塔电路装配作业指导书

适用场合	电子分厂	产品系列		工序编号		标准时间		编制/日期		会签/日期	
	电子车间	产品名称	光幻广州塔	工序名称		岗位人数		审核/日期		批准/日期	

作业指导书

文件编号：TG22-HR496　页码　2

图片说明	操作步骤	自检内容
	(1) 将元器件分类，清点元器件的数量和型号，并与清单核对。 (2) 按照清单焊接穿孔元器件。焊接要做到焊点质量高，LED正负极性不要弄错，无虚焊、漏焊、错焊现象，注意从低到高焊接。	(1) 贴片元器件和穿孔元器件的焊接符合焊接工艺标准。 (2) 型号与清单和PCB板上的标示一致。 (3) 芯片座方向不要焊错，与缺口方向一致。 互检内容 无漏焊、错焊、虚焊。 注意事项 此工序需戴防静电手套操作。

物料表

物料编码	物料名称/规格	数量
	见电源模块清单	

设备/工具

名称	型号	技术参数
焊接工具		

图 4-20　芯片座、排针及 LED 的焊接装配作业指导书

<table>
<tr><td colspan="2"></td><td colspan="6">作业指导书</td><td colspan="4">文件编号：TG22-HR497</td><td>页码</td><td>3</td></tr>
<tr><td rowspan="2">适用场合</td><td>电子分厂</td><td>产品系列</td><td></td><td>工序编号</td><td></td><td>标准时间</td><td></td><td>编制/日期</td><td></td><td>会签/日期</td><td colspan="3"></td></tr>
<tr><td>电子车间</td><td>产品名称</td><td>光幻广州塔</td><td>工序名称</td><td></td><td>岗位人数</td><td></td><td>审核/日期</td><td></td><td>批准/日期</td><td colspan="3"></td></tr>
<tr><td colspan="4">图片说明</td><td colspan="5">操作步骤
（1）将元器件分类，清点元器件的数量和型号，并与清单核对。
（2）按照清单焊接穿孔元器件。焊接要做到焊点质量高，开关按键紧贴底板焊接，无虚焊、漏焊、错焊现象，注意从低到高焊接。
（3）红外接收管留出1～1.5 cm的距离。</td><td colspan="5">自检内容
（1）贴片元器件和穿孔元器件的焊接符合焊接工艺标准。
（2）型号与清单和PCB板上的标示一致。
（3）芯片安装到位。
互检内容
无漏焊、错焊、虚焊。
注意事项
此工序需戴防静电手套操作。

物料表
物料编码 ｜ 物料名称/规格 ｜ 数量
 ｜ 见电源模块清单 ｜

设备/工具
名称 ｜ 型号 ｜ 技术参数
焊接工具 ｜ ｜ </td></tr>
</table>

图4-21 PCB板上元器件焊接装配作业指导书

2. LED 灯组装

1）多层 LED 灯的制作

LED 灯的组装总体原则是：层共阳，也就是横着一圈是 LED 的正极（长脚）（$J_1 \sim J_{16}$）；竖共阴，也就是竖着一列是 LED 的负极（短脚）（$J_{17} \sim J_{32}$），如图 4-22 所示。

第一步：准备制作模板，将配套的铜柱固定在模板上，四边朝下，如图 4-23 所示。

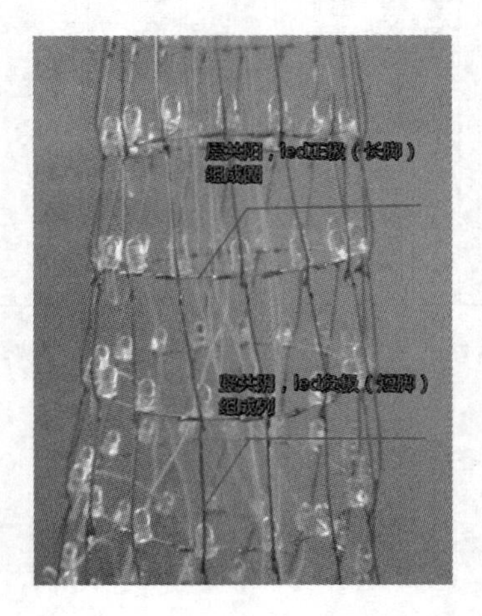

图 4-22 LED 灯组装总体原则

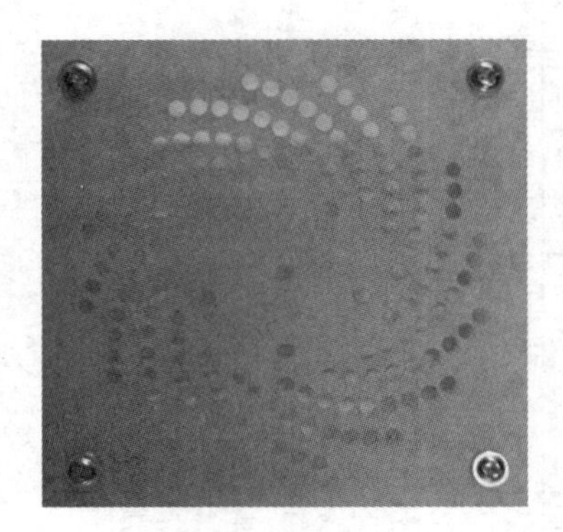

图 4-23 模板制作

第二步：将每一颗 LED 长脚（正极）和短脚（负极）掰成 90°，如图 4-24 所示。

第三步：制作塔身第一层 LED，选择在外围一圈模板制作，如图 4-25 所示。

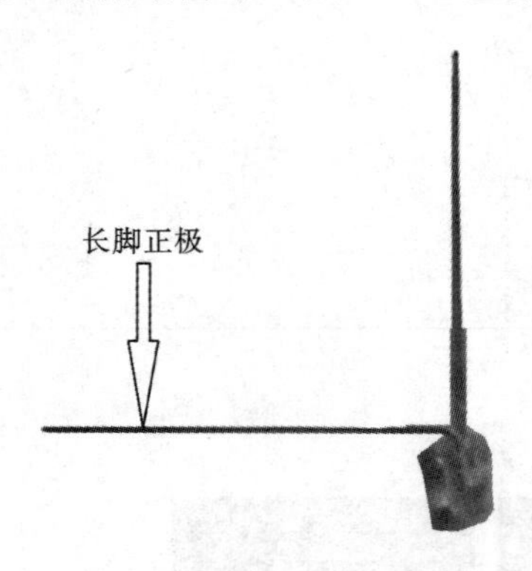

图 4-24 长脚与短脚成 90°

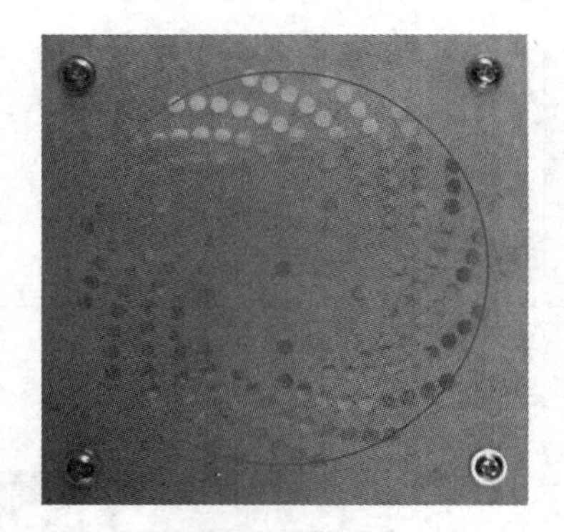

图 4-25 外围一圈模板制作

① 将 LED 插入最外围一圈模板，短脚朝外，长脚相连并用焊锡焊接在一起，如图 4-26 所示。

② 以此类推，将第一圈 LED 焊接好，如图 4-27 所示。

③ 将多余引脚剪掉，注意是剪掉每一层的多余引脚，如图 4-28 所示。

第四步：制作塔身第二层 LED，选择在第二圈模板制作，圈起的一层，如图 4-29。第二圈按第一圈的焊接方法焊接好，如图 4-30 所示。

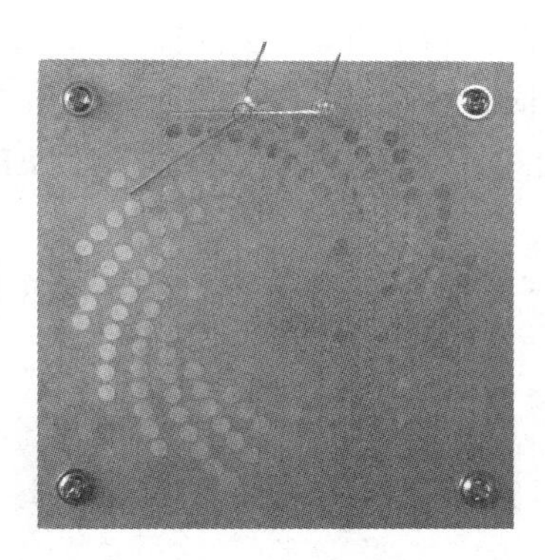

图 4-26　LED 插入最外围一圈

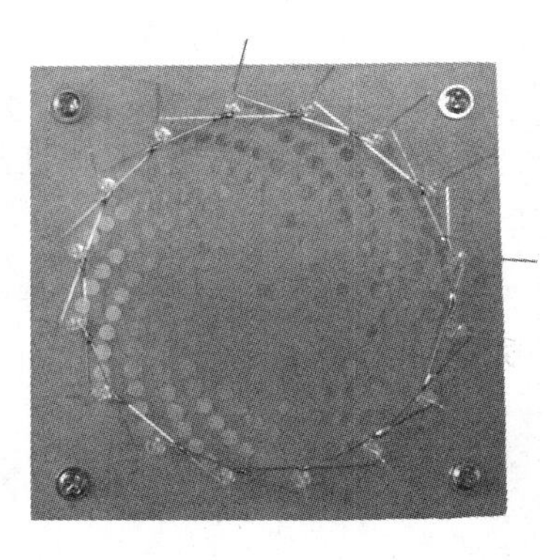

图 4-27　第一圈 LED 焊接好

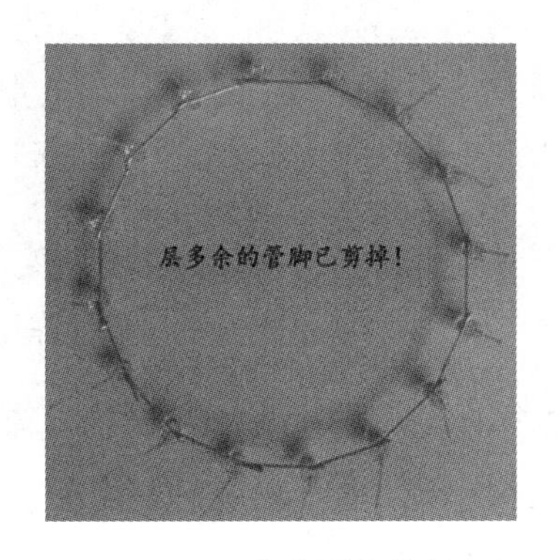

图 4-28　层多余引脚的处理

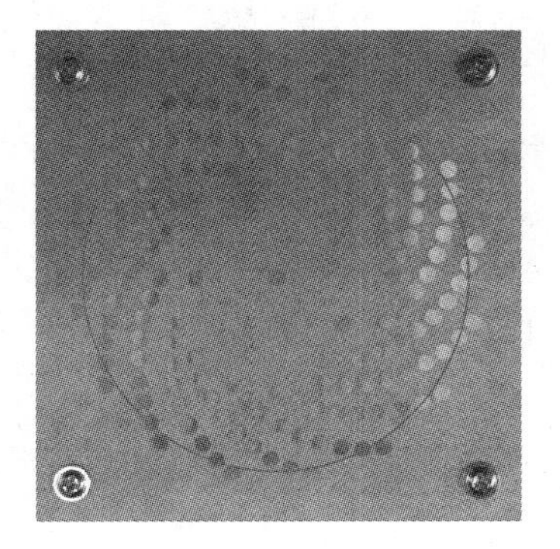

图 4-29　第二层 LED 摆放位置

第五步：制作塔身第三层 LED，选择在第三圈模板制作，方法同前。

第六步：制作塔身第四层 LED，选择在第四圈模板制作，方法同前。

第七步：制作塔身第五层 LED，选择在第五圈模板制作，方法同前。

第八步：制作塔身第六层 LED，选择在第六圈模板制作，方法同前。

第九步：制作塔身第七层 LED，选择在第七圈模板制作，方法同前。

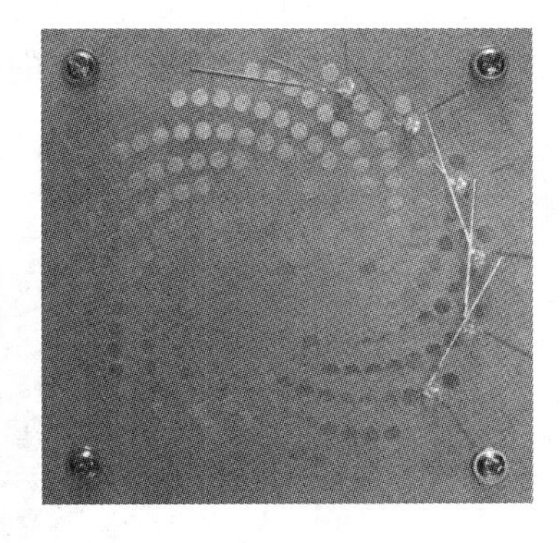

图 4-30　第二层 LED 制作

第十步：制作塔身第八层 LED，选择在第八圈模板制作，方法同前。

第十一步：制作塔身第九层 LED，选择在第九圈模板制作，方法同前。

第十二步：制作塔身第十层 LED，选择在第九圈模板制作，方法同前。

第十三步：制作塔身第十一层 LED，选择在第九圈模板制作，方法同前。

第十四步：制作塔身第十二层 LED，选择在第八圈模板制作，方法同前。

第十五步：制作塔身第十三层 LED，选择在第七圈模板制作，方法同前。

第十六步：制作塔身第十四层 LED，选择在第六圈模板制作，方法同前。

第十七步：制作塔身第十五层 LED，选择在第五圈模板制作，方法同前。

第十八步：制作塔身第十六层 LED，选择在第四圈模板制作，方法同前。

第十九步：制作塔顶第一层 LED，选择在第十圈模板制作，只需要装 5 颗 LED 灯即可，如图 4-31 所示。

第二十步：制作塔顶第二层 LED，选择在第十一圈模板制作，只需要装 3 颗 LED 灯即可，如图 4-32 所示。

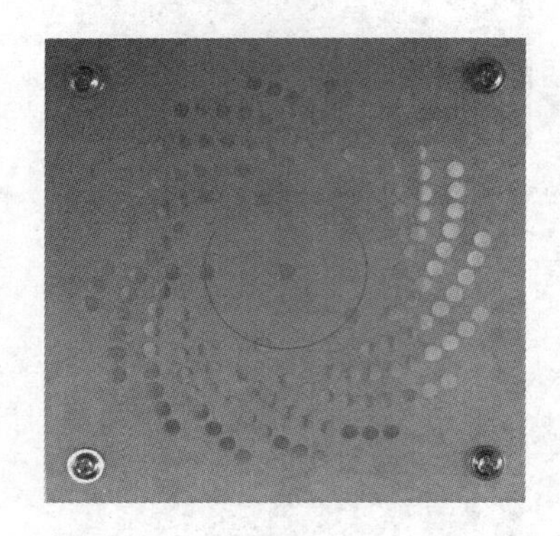

图 4-31 塔顶第一层 LED 制作

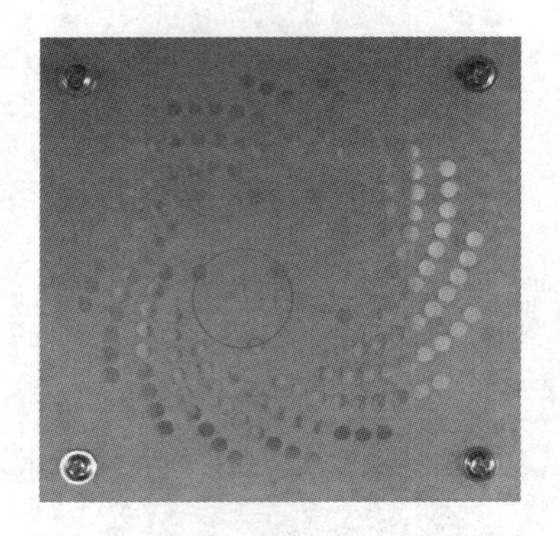

图 4-32 顶层第二层 LED 制作

第二十一步：制作塔顶第三层 LED，也是选择在第十一圈模板制作，也是只需要 3 颗灯即可。至此，所有层 LED 制作完成。

2）LED 灯层连接

当每一层 LED 都制作好后，将层与层之间的 LED 灯连接在一起。

第一步：将层的竖排 LED 的引脚尖 1 cm 处稍微折弯 30°，如图 4-33 所示。

第二步：将每一层 LED 的节点到 LED 底部之间挂上一点焊锡，方便层与层之间的连接，如图 4-34 所示。

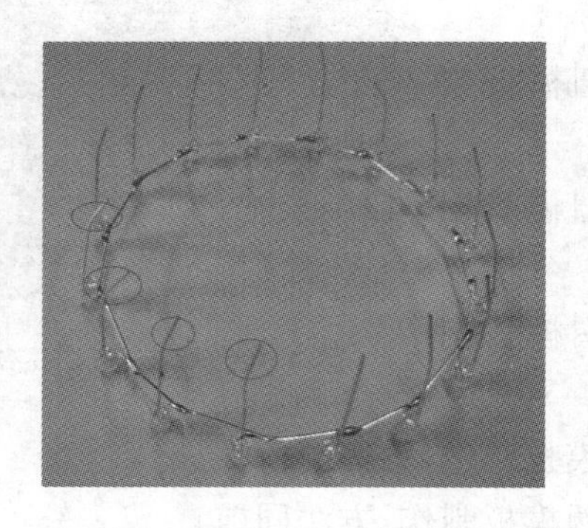

图 4-33 层 LED 引脚折弯

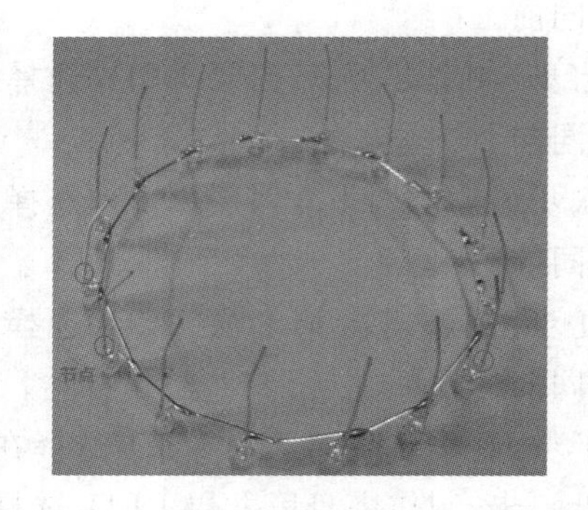

图 4-34 层 LED 的节点与底部挂焊锡

第三步：将上一层竖排的 LED 灯引脚底部和下一层的 LED 灯的节点处连接在一起，还要保证上一层和下一层之间稍微有一点错位（一般先将第二层焊接到第一层，第三层焊接到第二层，第四层焊接到第三层，以此类推），如图 4-35 所示。

第四步：以此类推，将塔身每一层 LED 都这样连接在一起。

第五步：塔顶第一层（图4-36中标5的那一层）是5颗LED灯，塔身第十六层是16颗LED灯，所以塔顶第一层和塔身第十六层连接是隔两颗灯连接在一起的，但是其中有一个是隔3颗灯，如图4-36所示。

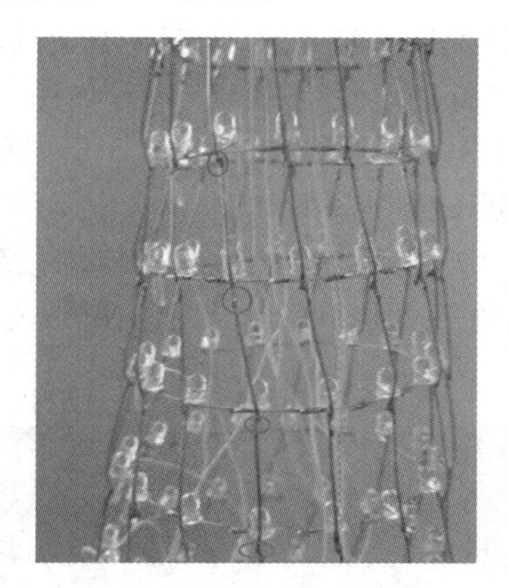

图4-35　层与层之间的LED焊接

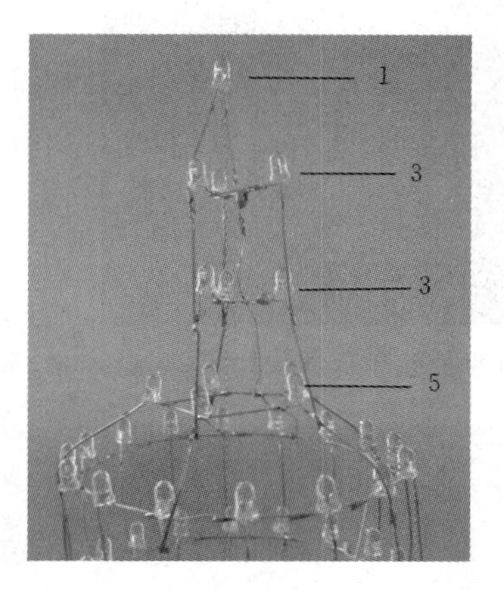

图4-36　塔顶焊接

第六步：塔顶第二层（图4-36中标3的那一层）是3颗LED灯，塔顶第一层是5颗LED灯，所以同上一步做法是类似的，有一颗灯是隔一颗灯焊接，有两颗是没有相隔的。

第七步：塔顶第三层（图4-36中标3的那一层）是3颗LED灯，塔顶第二层也是3颗LED灯，所以将它们直接连接在一起就行了。

第八步：塔顶第四层（图4-36中标1的那一层）是1颗LED灯，将灯的负极连接到第三层3颗灯中任一颗灯的负极。正极连接第三层的层，也就是第三层的正极，如图4-37所示。

第九步：用跳线将塔顶四层的全部正极连接到塔身第十六层的层，也就是正极。图4-38所示的划线代表跳线，其中，圆圈标示焊接需要焊接到那一层，如图4-38所示。

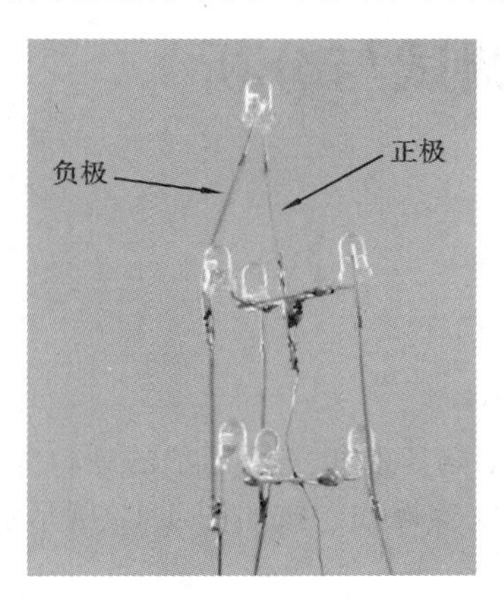

图4-37　塔顶第四层焊接

图4-38　塔顶连线

第十步：将塔的最下面一层，也就是第一层LED的竖排焊接到PCB板的J_1～J_{16}。注意：整个塔是焊接到PCB板上没有单片机的一面，如图4-39所示。

第十一步：利用跳线，将每一层和J_{17}～J_{32}连接在一起，第一层和J_{17}连接，第二层和J_{18}连接，第三层和J_{19}连接，第四层和J_{20}连接，第五层和J_{21}连接，第六层和J_{22}连接，以此类推，底板

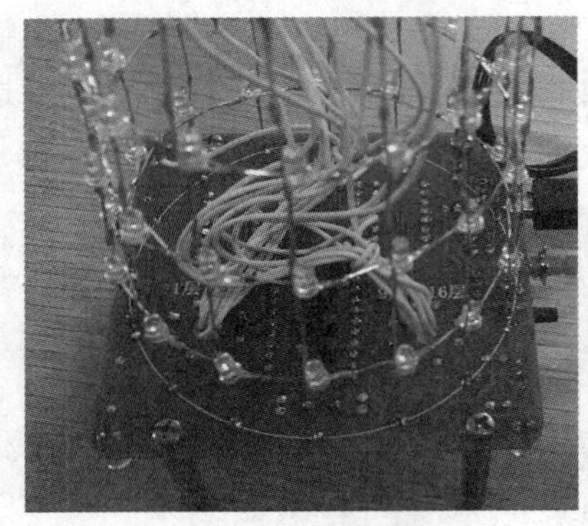

图 4-39　跳线连接(一)

已经做好两个走线孔，第一层到第八层的跳线从 PCB 板的一个孔通过，第九层到第十六层的跳线从 PCB 板的另一个孔通过，制作时步骤如下。

(1) 将跳线焊接在每一层，如图 4-40 所示。

(2) 将焊接好的跳线穿过 PCB 板，如图 4-41 所示，其中，第一层到第八层的线穿过 1 至 8 层，第九层到第十六层的线穿过 9 至 16 层，如图 4-41 所示。

(3) 将第一层到第八层的跳线对应焊接到 J_{17}～J_{24}(1 层到 8 层)，将第九层到第十六层的跳线对应焊接到 J_{25}～J_{32}(9 层到 16 层)。

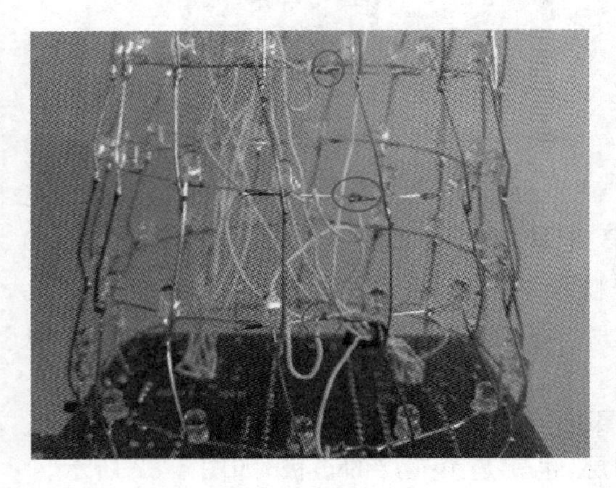

图 4-40　跳线连接(二)

图 4-41　跳线连接(三)

任务四　电路的调试与分析

1. 主板调试

1) 焊接检查

焊接检查应注意以下几方面。

(1) 检查是否有虚焊、短路。

(2) 注意芯片的安装方向要保证芯片的缺口方向与印制板上所标示的缺口方向一致，焊反将直接烧坏芯片，电容极性焊接反，也很容易引起电容爆炸。按照图 4-42 所示的箭头指示焊接。

(3) 供电检查，用万用表的电压挡接到丝印为 X 的 4P 排针，测试 V_{CC}、GND 之间是否短路，是否为 5 V 左右。若供电正常，底板的 VD1～VD4 七彩灯将会自闪。

电源接口有 5 个引脚，引脚之间距离比较短，焊接的时候注意电源接口的焊接不能短路。

2) 驱动电路检查

驱动电路检查有以下两方面的测试。

(1) 简单测试。

拿一个LED灯，长脚接在J_{17}～J_{32}的任意一孔，如图4-43所示的长脚接的是J_{25}，短脚接旁边一圈的任意一孔，通电，LED有发光效果，说明单片机、驱动电路基本正常。

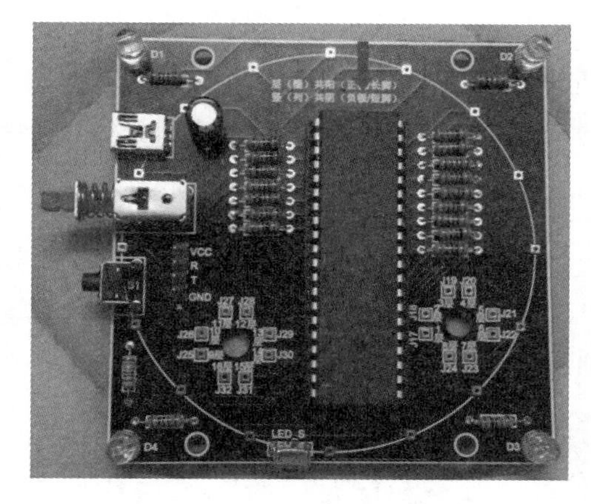

图4-42 芯片方向

图4-43 驱动电路检查

(2) 具体测试。

根据制作步骤，制作出广州塔塔身第一层LED，第一层焊接上一根跳线，将制作好的LED直接插进J_1～J_{16}，不用焊接，直接插进去有接触就行了，通电，跳线一端焊接在第一层，另一端依次接触到J_{17}～J_{25}，第一层的LED有变化，说明J_1～J_{32}输出正常，没有虚焊或者短路。测试的过程中，如果发现接到J_{17}～J_{32}中的任意输出都没反应，则说明连接到芯片端的相应输出有虚焊，请参考原理图对相应的输出进行补焊。比如，发现接到J_{18}的时候，第一层的LED一点反应都没有，通过原理图知道J_{18}是连接到单片机的38脚，所以要对单片机的38脚进行补焊。出现类似问题，都用这个方法排查。

3) LED好坏的检查

LED好坏的检查有下面两种方法。

(1) 每个LED按驱动电路检查中简单测试的方法进行检查，这种方法是利用主板将每个LED测试完成。

(2) 利用万用表测试，将万用表拨到通断挡或者LED测试挡，即测试LED的挡，红表笔接LED的正极，黑表笔接负极，LED能发光的说明LED是好的，如图4-44所示。

图4-44 层LED好坏检查

4) 塔身有些层不亮

塔身有些层不亮可以进行下面两个处理。

(1) 遥控进入调试模式的竖排调试。

(2) 仔细观察之前灯不亮的那一层，在这个模式下测试到底哪个灯不亮，换掉它即可。

2. 产品使用说明

1) 按键说明

按键说明如图4-45所示。动画与音频模式切换开关的使用方法：短按按键切换为音频模式，可进行四种音频模式切换；长按按键切换为动画模式。

2）接线图示和音乐频谱使用方法

接线图示和音乐频谱使用有以下五个步骤。

（1）将附送的电源音频线的 T 型口接到套件的输入端。

（2）将电源音频线 USB 端接入计算机 USB 供电接口，或插入其他＋5 V 的 USB 供电接口也行。

（3）将电源音频线 3.5 mm 的耳机接头接到一分二音频座的其中一端。

（4）将音响设备的音频输入线接头接到一分二音频座的另一端。

（5）手机播放音乐，遥控器按 1、2、4、5 都可以调出频谱显示（也可使用开关切换），频谱显示过小或大，可以调节音量输出控制。接线如图 4-46 所示。

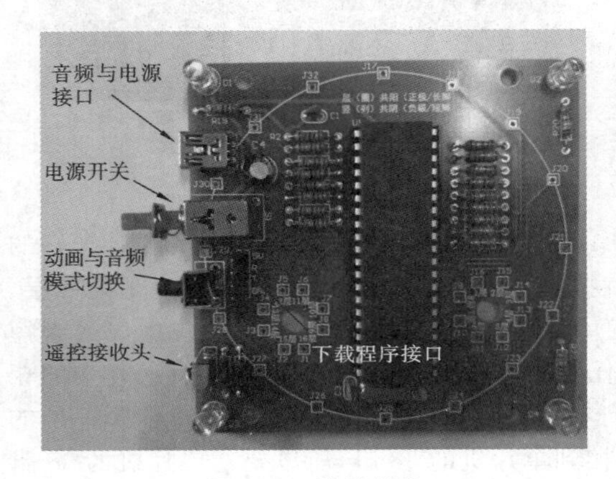

图 4-45　按键说明

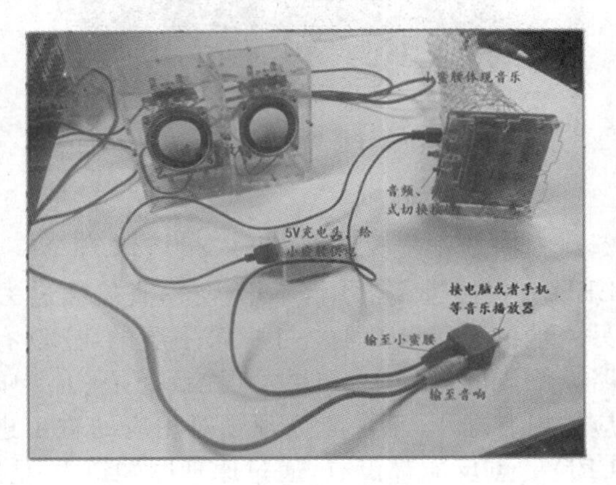

图 4-46　接线图示

3）红外遥控器的使用方法

红外遥控器各按键说明如图 4-47 所示。

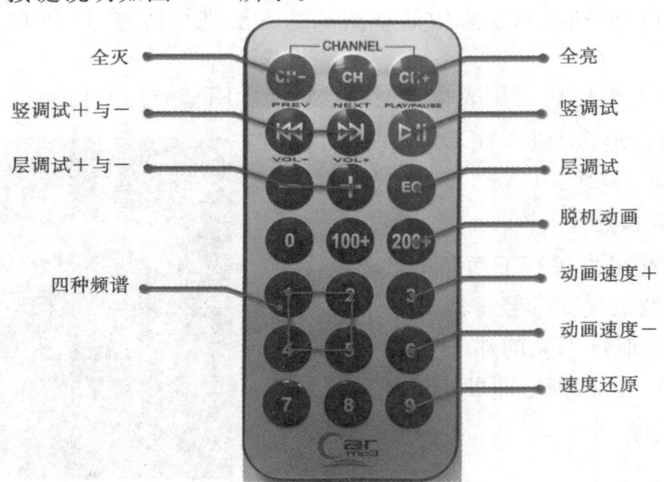

图 4-47　按键说明

知识链接　视觉暂留现象

视觉暂留现象是指光对视网膜所产生的视觉在光停止作用后，仍保留一段时间的现象，其具体应用是电影的拍摄和放映。视觉暂留现象是由视神经的反应速度造成的。视觉暂留现象是动画、电影等视觉媒体形成和传播的根据。视觉实际上是靠眼睛的晶状体成像，感光细胞感光，并将光信号转换为神经电流，传回大脑引起人体视觉。感光细胞的感光是靠一些感光色素，而感光色素的形成是需要一定时间的，这就形成了视觉暂留现象的机理。

物体在快速运动时，当人眼所看到的影像消失后，人眼仍能继续保留其影像 0.1～0.4 s，这种现象称为视觉暂留现象，是人眼具有的一种性质。人眼观看物体时，成像于视网膜上，并由视神经输入人脑，感觉到物体的像。但当物体移去时，视神经对物体的印象不会立即消失，而要延续 0.1～0.4 s 的时间，人眼的这种性质称为“眼睛的视觉暂留”。

视觉暂留现象最先被中国人运用，根据历史记载，走马灯是最早的视觉暂留现象的运用。宋时已有走马灯，当时称“马骑灯”。1828 年，法国人保罗・罗盖发明了留影盘，它是一个被绳子在两面穿过的圆盘。盘的一面画了一只鸟，另一面画了一个空笼子。当圆盘旋转时，鸟在笼子里出现了，这证明了当眼睛看到一系列图像时，它一次保留一个图像。

项 目 小 结

本项目以装配光幻广州塔任务为引领，通过作业指导书介绍整个制作过程，包括具体的操作步骤、工艺要求、焊接质量、注意事项、自检互检等，让学生可以轻松地按照作业指导书完成光幻广州塔的装配和调试，训练学生装配与调试电子产品的技能。

【考核与评价】

(1) 理解电路工作原理，利用测量仪器测量电路参数及相关数据。

(2) 掌握电子产品整机装配与调试、故障现象分析。

(3) 自评互评，如表 4-2 所示的自评互评表。

表 4-2　自评互评表

班级		姓名		学号		组别	
项目	考核要求		配分	评分标准		自评分	互评分
元器件的识别	按要求对所有元器件进行识别		20	元器件识别错误，每个扣 2 分			

续表

班级		姓名		学号		组别		
项目	考核要求		配分	评分标准			自评分	互评分
元器件成型、插装与排列	(1)元器件按工艺要求成型。 (2)元器件符合插装工艺要求。 (3)元器件排列整齐、标示方向一致		20	(1)成型不合要求,每处扣1分。 (2)插装位置、工艺不合要求,每处扣2分。 (3)排列、标示不合理,每处扣3分				
导线连接	(1)导线挺直、紧贴PCB板。 (2)板上的连接线呈直线或直角,且不能相交		10	(1)导线弯曲、拱起,每处扣2分。 (2)连线弯曲、不直,每处扣2分。 (3)连接线相交,每处扣2分				
焊接质量	(1)焊点均匀、光滑、一致,无毛刺、无假焊等现象。 (2)焊点上引脚不能过长		20	(1)有搭锡、假焊、虚焊、漏焊、焊盘脱落等现象,每处扣2分。 (2)出现毛刺、焊料过多或过少、焊接点不光滑、引脚过长等现象,每处扣2分				
电路调试	(1)工作是否正常。 (2)连线正确		20	(1)不按要求进行调试,扣1~5分。 (2)调试结果不正常,扣5~20分				
安全文明操作	严格遵守安全操作规程、工作台上工具排放整齐、符合“6S”管理要求		10	违反安全操作、工作台上脏乱、不符合“6S”管理要求,酌情扣3~10分				
反思记录(附加10分)	项目			记录				
	故障排除		3					
	你会做的		2					
	你能做的		2					
	任务创新方案		3					
合计			100+10					
学生交流改进总结:								
教师签名:								

课后练习

1. 请使用遥控器选择动画内容。
2. 请使用下载工具改变动画内容。
3. 简述光幻广州塔的发光原理。

实训项目

旋转 LED 显示屏

旋转 LED 显示屏是利用单片机控制单排 32＋16 两组 LED 灯的快速亮灭，同时 LED 灯在电动机的带动下快速旋转，由于视觉暂留效应，可以在人眼呈现静态或动态的图案，如图 5-1 所示。这是一种环型的显示屏，可以使图像的显示效果更具立体感和动态美，利用红外遥控器可切换显示各种不同的文字和图案。

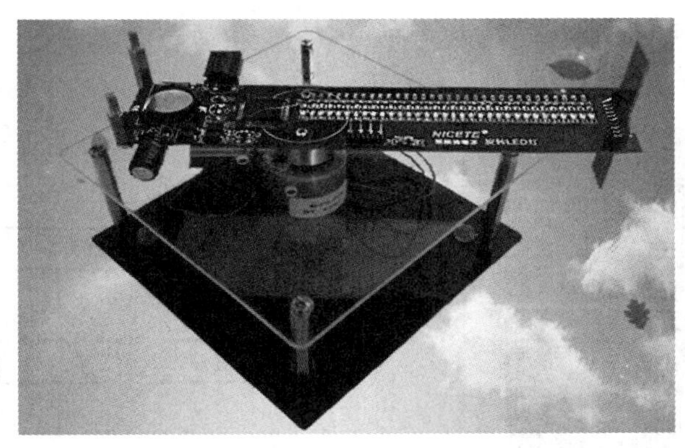

图 5-1　旋转 LED 显示屏

学习目标

知识目标

（1）了解单片机控制电路的基本原理。

（2）学习修改、编译单片机的 C 语言程序。

（3）学习单片机程序下载、使用。

（4）了解无线供电的基本过程。

技能目标

（1）按照工艺标准安装旋转 LED 显示屏。

（2）按照工艺文件调试旋转 LED 显示屏。

（3）了解编写单片机程序的相关软件的使用。

职业素养目标

（1）保持操作工位清洁、卫生。
（2）在操作前进行安全措施检查。
（3）能够安全使用焊接设备及安装工具进行产品的装配。
（4）正确使用仪器仪表，注意探头或表笔的摆放，防止短路。

任务一　认识电路

1. 旋转 LED 显示屏简介

旋转 LED 显示屏是利用机械转动动态扫描代替传统逐行扫描，利用人眼视觉暂留效应显示文字或图像。它主要由单片机控制灯阵、旋转、无线供电和程序等模块构成，使用红外遥控器可以呈现不同的文字或图像，如图 5-2 所示。

旋转 LED 显示屏设计框图如图 5-3 所示。

图 5-2　旋转 LED 显示屏的显示效果

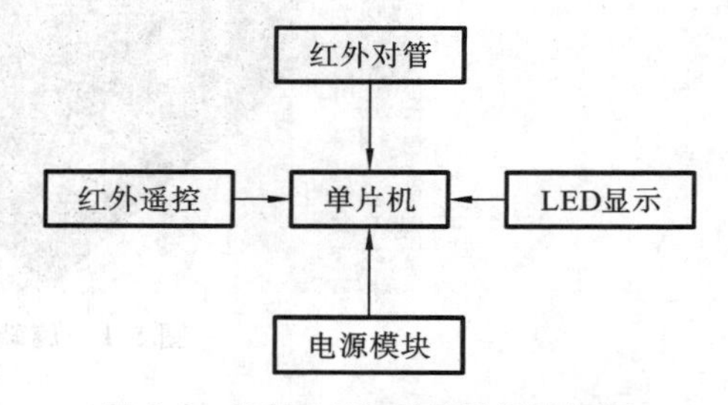

图 5-3　旋转 LED 显示屏设计框图

2. 旋转 LED 显示屏原理

1）单片机控制模块

旋转 LED 显示屏使用了宏晶科技生产的 IAP15W4K61S4 单片机，此单片机完全兼容传统 8051 指令代码，采用了四侧引脚扁平封装的 LQFP64S，支持在线应用编程（IAP），可以在程序运行过程中在线下载更新程序。IAP15W4K61S4 单片机是目前 STC 较先进的单片机芯片，内部资源十分丰富，有 61 KB 程序存储器、4 KB 数据存储器、5 个定时器等，支持 USB 直接下载程序，内部集成有高精度 R/C 时钟与高可靠复位电路，支持宽达 2.5～5.5 V 的工作电压，只需提供电源就可组成最小的单片机系统。IAP15W4K61S4 单片机外形如图 5-4 所示。

DS1302 是美国 DALLAS 公司推出的一种高性能、低功耗的实时时钟日历芯片，采用 SPI 三线接口与单片机进行同步通信，如图 5-5 所示。实时时钟可提供秒、分、时、日、星期、月和年，每月天数可根据实际情况自动调整，且具有闰年补偿功能。工作电压宽达 2.5～5.5 V。采用双电源供电（主电源和备用电源），可设置备用电源充电方式，提供了对后备电池进行涓细电流充电的能力。

DS1302 引脚功能如图 5-6 所示，1 脚接电源 V_{CC}，2、3 脚接晶振，4 脚接 GND，5 脚是复位信号 $\overline{RST}$，低电平时复位，高电平时芯片正常（给它高电平表示让芯片工作，给它低电平表示不让芯片工作），7 脚为时钟脉冲输入端 SCLK，它给 6 脚 I/O 的数据传输提供时序，8 脚接备用电池。单片机与 DS1302 的连接电路如图 5-7 所示。

图 5-4　IAP15W4K61S4 单片机外形

图 5-5　DS1302 时钟芯片

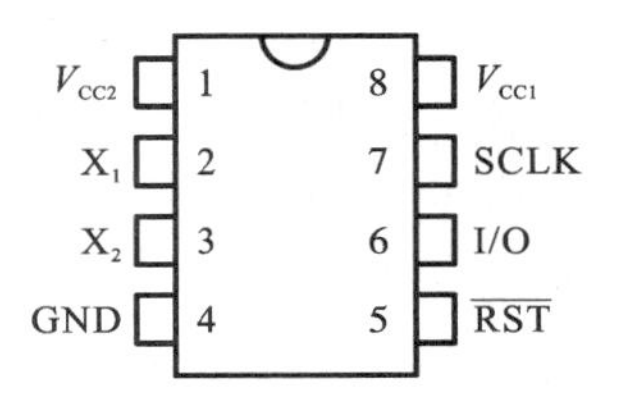

图 5-6　DS1302 引脚功能

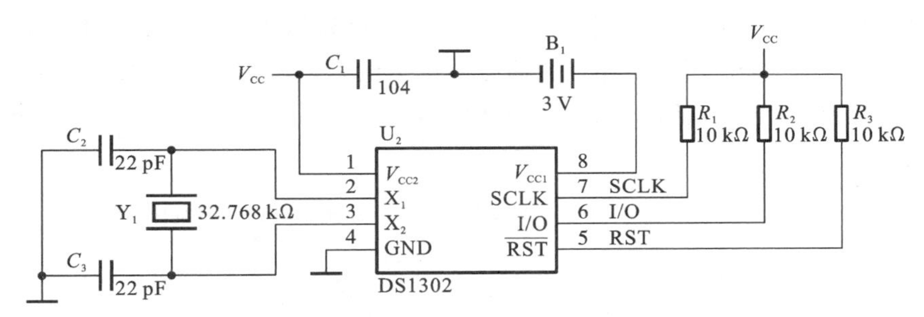

图 5-7　单片机与 DS1302 的连接电路

单片机红外接收同步电路是让单片机接收底板发射出来的红外线信号，计算 LED 旋转一周所需要的时间，确定单片机发送字符或图像的起始位置，使 LED 旋转一周后能呈现稳定的文字或图像，单片机红外接收的外形和同步电路如图 5-8 所示。

使用红外遥控发射器可以选择不同文字或图像的显示模式。红外遥控发射器采用常见的手持式红外遥控发射器，如图 5-9 所示。

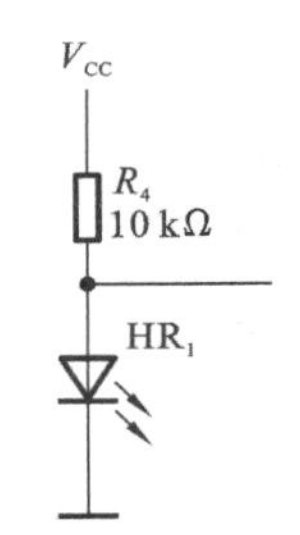

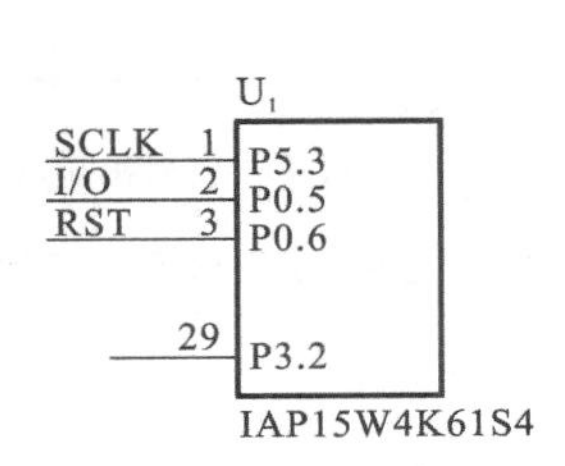

图 5-8　单片机红外接收的外形和同步电路

图 5-9　手持式红外遥控发射器

红外遥控接收电路采用红外一体化接收头 HS0038，红外一体化接收头与单片机连接如图 5-10 所示。

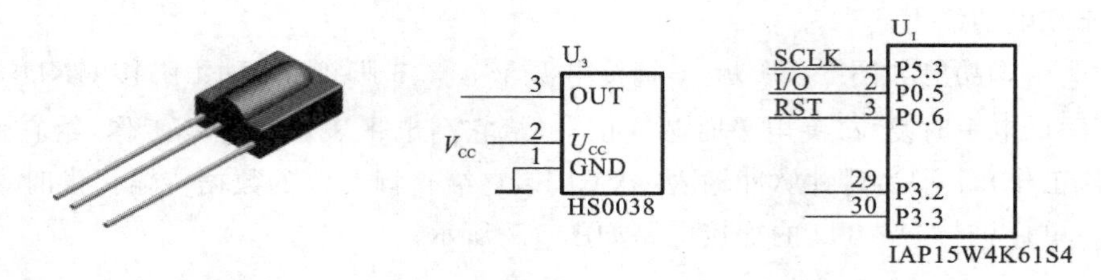

图 5-10 红外接收头 HS0038 及其与单片机连接电路

2）无线供电模块

LED 显示屏是通过直流电动机的高速旋转，带动了数十个 LED 旋转，由单片机以极快的速度控制 LED 的高速亮灭，利用人眼的视觉暂留原理，呈现各种文字图案。由于人眼无法察觉的闪烁相隔时间是 0.1 s 左右，即 1 秒至少要转 10 圈，人眼才不会感觉到闪烁，这就要求电动机至少有 10×60＝600 r/min 的转速。本项目采用 RF-370 有刷直流电动机，其额定转速为 5600 r/min，很好地消除了图像的闪烁，同时通过电动机的旋转，使用 2 个线圈及磁芯给单片机提供无线供电。

无线供电是指利用电磁波感应原理进行供电的电路，原理类似于变压器。在发送端和接收端各有一个线圈，发送端线圈连接振荡电源产生电磁信号，接收端线圈感应电磁信号从而产生交流电，电流经整流、滤波、稳压电路转换为直流电供给单片机工作，无线供电电路如图 5-11 所示。

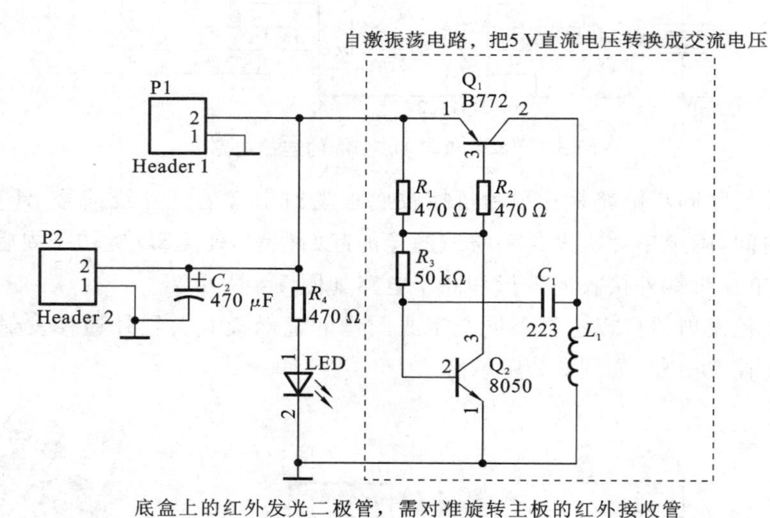

图 5-11 旋转 LED 显示屏无线供电电路

3. 旋转 LED 显示屏电路图

旋转 LED 显示屏电路如图 5-12 所示。

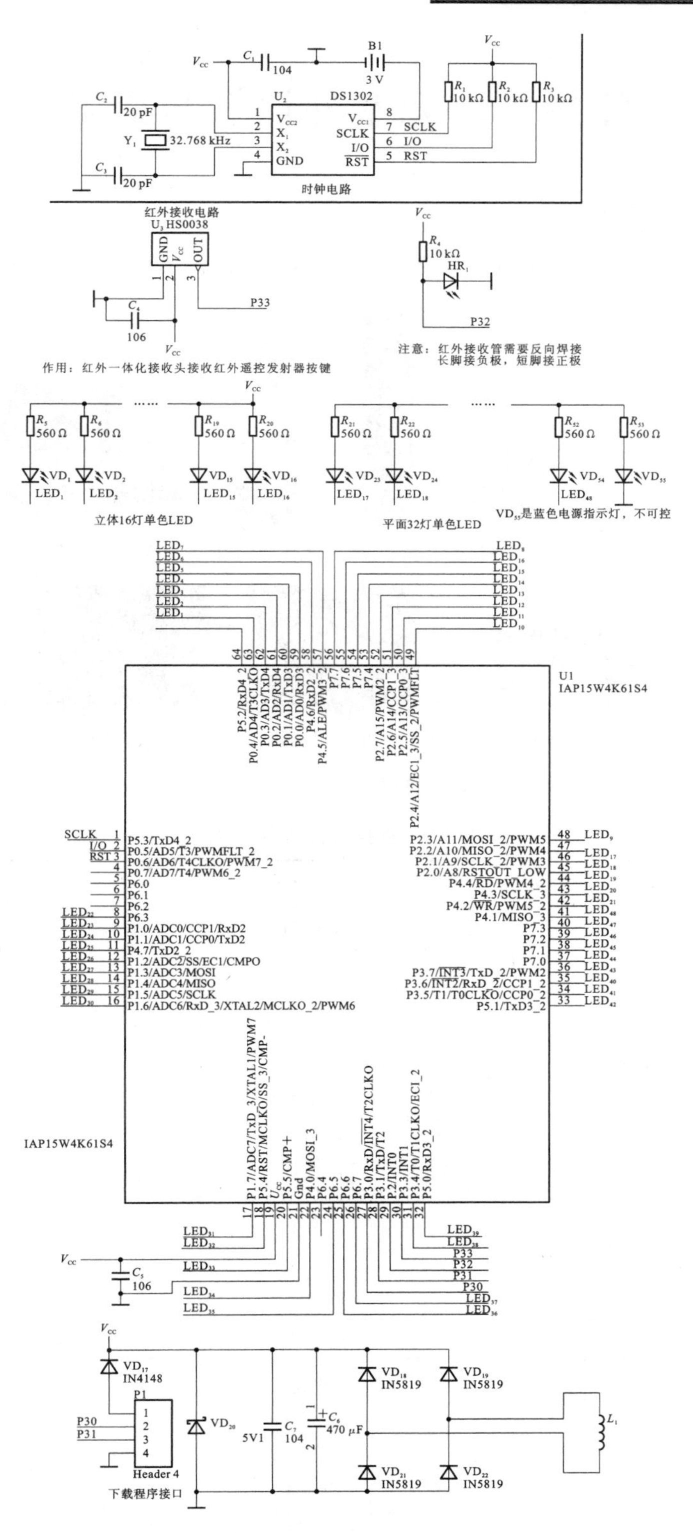

图 5-12　旋转 LED 显示屏电路

任务二　元器件识别与检测

1. 整理主控板元器件

旋转 LED 显示屏元器件如图 5-13 所示，主控板元器件清单如表 5-1 所示。

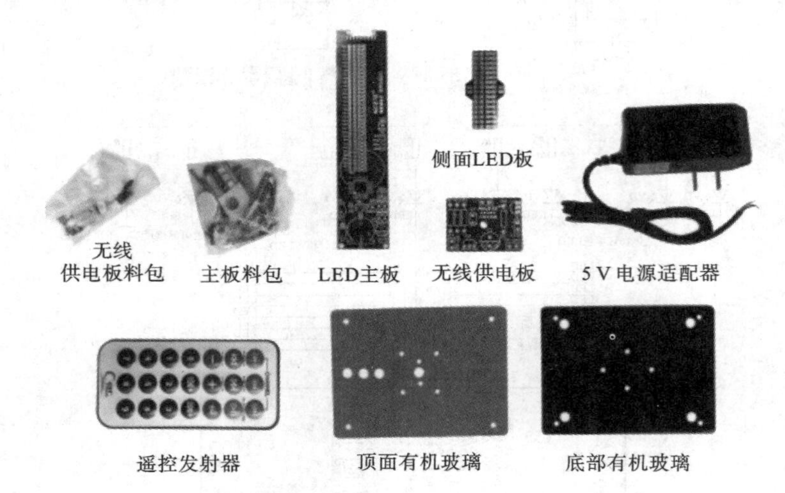

图 5-13　旋转 LED 显示屏元器件

表 5-1　主控板元器件清单

名称	型号	数量	符号
纽扣电池	3 V	1	B_1
纽扣电池盒	3 V	1	B_1
贴片电容	104	4	C_1，C_7
贴片电容	20 pF	2	C_2，C_3
贴片电容	106	2	C_4，C_5
电解电容	470 μF	1	C_6
贴片发光二极管红色	贴片 0805 红灯	48	$VD_1 \sim VD_{16}$，$VD_{23} \sim VD_{54}$
贴片发光二极管蓝色	贴片 0805 蓝灯	1	VD_{55}
贴片二极管	IN4148	1	VD_{17}
贴片二极管	SS14	4	VD_{18}，VD_{19}，VD_{21}，VD_{22}
贴片稳压管	5V1(5.1 V)	1	VD_{20}
红外接收管	红外接收管	1	HR1
次级线圈	次级线圈	1	L_1

名称	型号	数量	符号
单排针 4 pin	Header 4	1	P_1
贴片电阻	10 kΩ	4	主板反面 R_1，R_2，R_3 主板正面 R_4
贴片电阻	560 Ω	49	$R_5 \sim R_{53}$
贴片单片机	IAP15W4K61S4	1	U_1
贴片集成芯片	DS1302	1	U_2
红外一体化接收头	HS0038	1	U_3
柱状晶振	32.768 kHz	1	Y_1
直流电动机	RF-370CA-15370	1	—
旋转 LED 次级线圈	Φ	1	—
与次级线圈配套磁环	Φ	1	—

续表

名称	型号	数量	符号	名称	型号	数量	符号
旋转LED初级线圈	Φ	1	—	配重:单通铜柱单头螺柱	M3×15 mm	1	—
黑色单股导线	10 cm	3	—	圆头螺钉	M3×5 mm	6	—
红色单股导线	10 cm	3	—	圆头螺钉(旋转LED固定螺钉)	M2×3 mm	2	—
热缩管	10 cm	1	—				
六角尼龙柱单头尼龙螺柱	M3×40 mm长白色	4	—	圆头螺钉(电动机固定用)	M3×8 mm	2	—
六角尼龙螺母	M3白色	4	—	旋转LED固定塑料件	—	1	—
配重:单通铜柱单头螺柱	M3×10 mm	1	—	有机玻璃底座	需定制	2	—

2. 整理无线供电小板元器件

无线供电小板元器件清单如表5-2所示。

表5-2 无线供电小板元器件清单

名称	型号	数量	符号
涤纶电容	2A223 J	1	C_1
电解电容	470 μF/25 V	1	C_2
贴片红	红	1	LED_1
中功率三极管	B772	1	Q_1
三极管	8050	1	Q_2
直插电阻	470 Ω	3	R_1, R_2, R_4
直插电阻	50 kΩ	1	R_3
红外发射管	Φ5	1	LED_1
中功率三极管的散热片	—	1	—
双通铜柱	M3×10 mm	1	—
圆头螺钉	M3×5 mm	3	—

任务三 元器件安装与调试

1. 电路焊接

1) 旋转LED显示屏控制板焊接

旋转LED显示屏控制板用贴片电阻的焊接装配作业指导书如图5-14所示,贴片发光二极管、贴片电容的焊接装配作业指导书如图5-15所示,普通贴片二极管的焊接装配作业指导书如图5-16所示,贴片单片机的焊接装配作业指导书如图5-17所示,通孔元器件的焊接装配作业指导书如图5-18所示。

作业指导书											
							文件编号：TG22-HR498			页码	1
适用场合	电子分厂	产品系列		工序编号		标准时间		编制/日期		会签/日期	
	电子车间	产品名称	旋转 LED 显示屏	工序名称	贴片电阻的焊接	岗位人数		审核/日期		批准/日期	

图片说明	操作步骤	自检内容
	（1）将元器件分类，清点元器件的数量和型号，并与清单核对。 （2）按照清单焊接贴片电阻。焊接要做到焊点质量高，贴片电阻阻值方向一致，无虚焊、漏焊、错焊现象。	（1）贴片电阻的焊接符合焊接工艺标准。 （2）电阻型号与清单和PCB板上的标示一致。 互检内容 无漏焊、错焊、虚焊。 注意事项 此工序需戴防静电手套操作。

物料表

物料编码	物料名称/规格	数量
	见旋转 LED 显示屏主控板元器件清单	

设备/工具

名称	型号	技术参数
焊接工具		

图 5-14　贴片电阻的焊接装配作业指导书

<table>
<tr><td colspan="2" rowspan="2"></td><td colspan="6" rowspan="2">作业指导书</td><td colspan="3">文件编号：TG22-HR499</td><td>页码</td><td>2</td></tr>
<tr></tr>
<tr><td rowspan="2">适用场合</td><td>电子分厂</td><td>产品系列</td><td></td><td>工序编号</td><td></td><td>标准时间</td><td></td><td>编制/日期</td><td></td><td>会签/日期</td><td colspan="2"></td></tr>
<tr><td>电子车间</td><td>产品名称</td><td>旋转 LED 显示屏</td><td>工序名称</td><td>贴片二极管、贴片电容的焊接</td><td>岗位人数</td><td></td><td>审核/日期</td><td></td><td>批准/日期</td><td colspan="2"></td></tr>
<tr><td colspan="4" rowspan="2">图片说明
</td><td colspan="5" rowspan="2">操作步骤
(1) 按清单焊接贴片发光二极管，注意二极管方向。
注意：VD_{55} 用蓝色贴片发光二极管，其他用红色贴片发光二极管。
(2) 按清单焊接贴片电容，焊接要做到焊点质量高。</td><td colspan="4">自检内容
(1) 贴片元器件的焊接符合焊接工艺标准。
(2) 元器件型号与清单和 PCB 板上的标示一致。
互检内容
无漏焊、错焊、虚焊。
注意事项
此工序需戴防静电手套操作。</td></tr>
<tr><td colspan="4"><table>
<tr><td colspan="3">物料表</td></tr>
<tr><td>物料编码</td><td>物料名称/规格</td><td>数量</td></tr>
<tr><td></td><td>见旋转 LED 显示屏主控板元器件清单</td><td></td></tr>
<tr><td colspan="3"></td></tr>
<tr><td colspan="3">设备/工具</td></tr>
<tr><td>名称</td><td>型号</td><td>技术参数</td></tr>
<tr><td>焊接工具</td><td></td><td></td></tr>
</table></td></tr>
</table>

图 5-15　贴片发光二极管、贴片电容的焊接装配作业指导书

作业指导书								文件编号:TG22-HR4910		页码	3
适用场合	电子分厂	产品系列		工序编号		标准时间		编制/日期		会签/日期	
	电子车间	产品名称	旋转 LED 显示屏	工序名称	普通贴片二极管的焊接	岗位人数		审核/日期		批准/日期	

图片说明

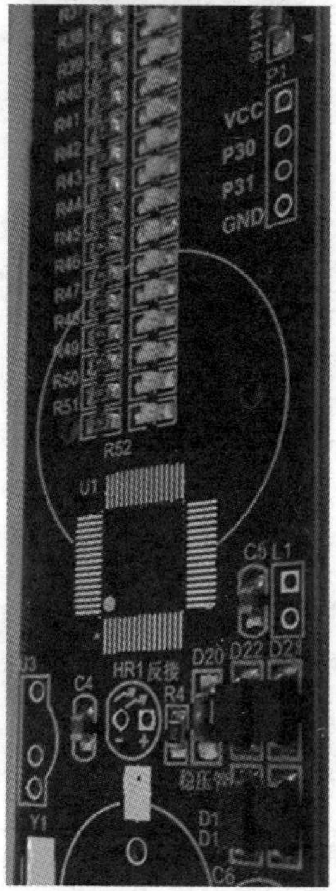

操作步骤

(1) 按清单焊接贴片二极管,焊接要做到焊点质量高。

贴片二极管　IN4148　VD_{17}

贴片二极管　IN5819　VD_{18},VD_{19},VD_{21},VD_{22}

贴片稳压管　5 V1　VD_{20}

(2) 注意二极管方向。

自检内容

(1) 贴片元器件的焊接符合焊接工艺标准。

(2) 元器件型号与清单和 PCB 板上的标示一致。

互检内容

无漏焊、错焊、虚焊。

注意事项

此工序需戴防静电手套操作。

物料表

物料编码	物料名称/规格	数量
	见旋转 LED 显示屏主控板元器件清单	

设备/工具

名称	型号	技术参数
焊接工具		

图 5-16　普通贴片二极管的焊接装配作业指导书

<table>
<tr><td colspan="2"></td><td colspan="5">作业指导书</td><td colspan="3">文件编号：TG22-HR4911</td><td>页码</td><td>4</td></tr>
<tr><td rowspan="2">适用场合</td><td>电子分厂</td><td>产品系列</td><td></td><td>工序编号</td><td></td><td>标准时间</td><td></td><td>编制/日期</td><td></td><td>会签/日期</td><td></td></tr>
<tr><td>电子车间</td><td>产品名称</td><td>旋转 LED 显示屏</td><td>工序名称</td><td>贴片单片机的焊接</td><td>岗位人数</td><td></td><td>审核/日期</td><td></td><td>批准/日期</td><td></td></tr>
</table>

图片说明

操作步骤

（1）按照清单焊接柱状晶振，焊接要做到焊点质量高。

（2）焊接贴片单片机 IAP15W4K61S4，焊接要做到焊点质量高，注意单片机的方向。

（3）焊接时钟芯片 DS1302，焊接要做到焊点质量高，注意时钟芯片的方向。

自检内容

（1）贴片元器件的焊接符合焊接工艺标准。

（2）元器件型号与清单和 PCB 板上的标示一致。

（3）集成电路的方向与 PCB 板上的标示一致。

互检内容

无漏焊、错焊、虚焊。

注意事项

此工序需戴防静电手套操作。

物料表

物料编码	物料名称/规格	数量
	见电源模块清单	

设备/工具

名称	型号	技术参数
焊接工具		

图 5-17　贴片单片机的焊接装配作业指导书

作业指导书

文件编号:TG22-HR4912　页码　5

适用场合	电子分厂	产品系列		工序编号		标准时间		编制/日期		会签/日期	
	电子车间	产品名称	旋转 LED 显示屏	工序名称	通孔元件的焊接	岗位人数		审核/日期		批准/日期	

图片说明

操作步骤

(1) 焊接纽扣电池 3 V 盒。

注意:纽扣电池盒反面的定位柱需剪掉。

(2) 焊接电解电容 C_6,焊接要做到焊点质量高。

注意:电容的极性长正短负,电容需要卧式安装,降低重心。

(3) 焊接红外接收管 HR1。

注意:红外接收管的极性需反向焊接。

(4) 焊接单排针 4P,焊接要做到焊点质量高。

(5) 焊接红外一体化接收头 HS0038。

注意:红外一体化接收头需要卧式安装,降低重心。

自检内容

(1) 贴片元器件的焊接符合焊接工艺标准。

(2) 元器件型号与清单和 PCB 板上的标示一致。

互检内容

无漏焊、错焊、虚焊。

注意事项

此工序需戴防静电手套操作。

物料表

物料编码	物料名称/规格	数量
	见电源模块清单	

设备/工具

名称	型号	技术参数
焊接工具		

图 5-18　通孔元器件的焊接装配作业指导书

旋转 LED 显示屏控制板的正面焊接如图 5-19 所示，反面及侧面的焊接如图 5-20 所示。

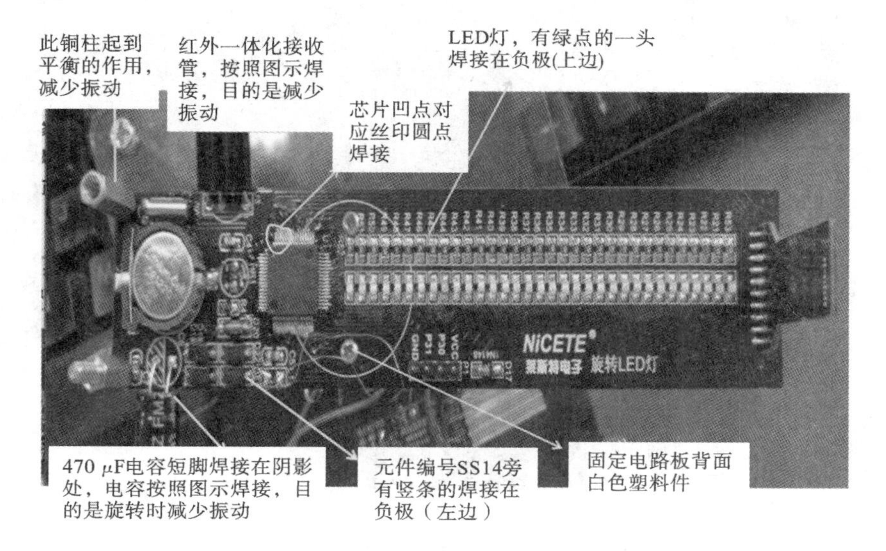
此铜柱起到平衡的作用，减少振动
红外一体化接收管，按照图示焊接，目的是减少振动
芯片凹点对应丝印圆点焊接
LED灯，有绿点的一头焊接在负极(上边)
NiCETE
旋转LED灯
470 μF电容短脚焊接在阴影处，电容按照图示焊接，目的是旋转时减少振动
元件编号SS14旁有竖条的焊接在负极（左边）
固定电路板背面白色塑料件

图 5-19　旋转 LED 显示屏控制板的正面焊接

红外接收管，长脚接负极
在白色固定件的轴上粘胶固定磁芯，然后在磁芯外粘胶固定次级线圈，白色固定件背面有一个凸点，先剪掉凸点再固定
次级线圈两根线不分正负焊接在此处，线头焊接的地方一定是未包漆，没有红色，如果有就用刀刮掉

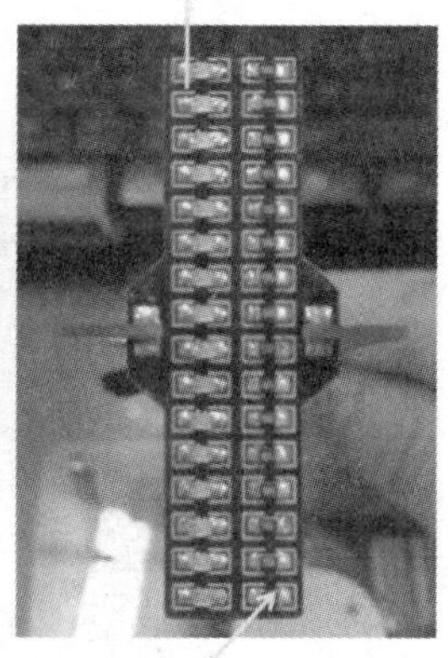
LED灯面有绿点的一端焊在电路板负极
竖排焊接560 Ω，元件标号561

图 5-20　旋转 LED 显示屏控制板的反面焊接及侧面的焊接

2）旋转 LED 显示屏无线供电板焊接

旋转 LED 显示屏无线供电板焊接如图 5-21 所示。

2. 旋转 LED 显示屏整机装配

旋转 LED 显示屏整机装配步骤如下，组装如图 5-22 所示。

(1) 用 M3×5 mm 的圆头螺钉安装电动机。

(2) 用热熔胶把初级线圈固定在亚克力板上，两根线头从任一孔穿过。

(3) 初级线圈的线头不分正负焊接在 L_1 处，要确保线头焊在未包漆处(没有金色)。

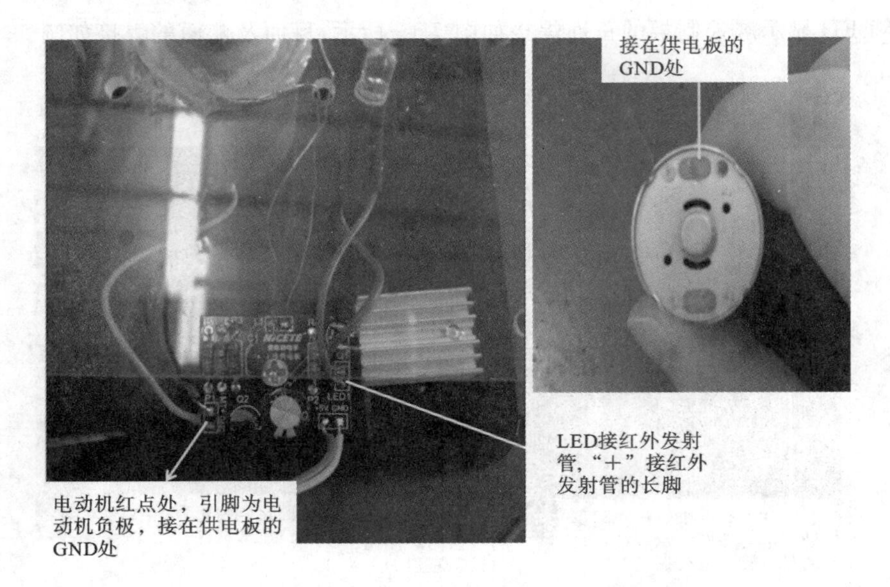

图 5-21 旋转 LED 显示屏无线供电板焊接

(4) 黑色亚克力一面上的螺丝固定在另一面的柱子上。

(5) 将做好的透明亚克力放到 4 个柱子上。

(6) 把 4 个柱子都装上螺钉，将红外发射管插入图 5-22 所示的孔中。

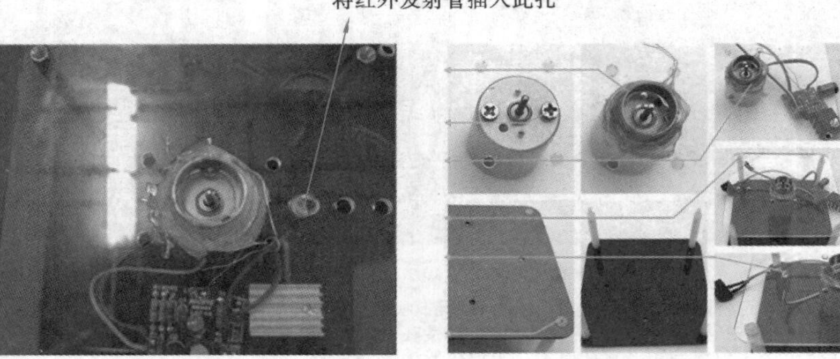

图 5-22 旋转 LED 显示屏组装

3. 程序调试实验

1) 实验 1——流水灯测试程序

启动单片机 C 语言开发软件 Keil μVision4，创建项目一——用 C 语言编写流水灯程序，保存文件并编译生成.hex 文件。流水灯程序如图 5-23 所示。

将 STC 单片机下载器与控制板连接好，插入计算机 USB 口，如图 5-24 所示，计算机右下角会显示 USB 驱动是否正常。

启动 STC 单片机，下载编程烧录软件 STC-ISP，如图 5-25 所示，选择单片机型号为 IAP15W4K61S4，勾选内部晶振并设为 18.432 MHz，其他设置如图 5-25 所示。

```
#include "common.h"
#include "delay.h"

uchar DataLow[4];
unsigned long CeL=0;
/***************************************/
void Show_R(uchar r1,uchar r2)//数据输出IO口  R是右边 16灯
{
    D1=(bit)(r1&0x01);
    D2=(bit)(r1&0x02);
    D3=(bit)(r1&0x04);
    D4=(bit)(r1&0x08);
    D5=(bit)(r1&0x10);
    D6=(bit)(r1&0x20);
    D7=(bit)(r1&0x40);
    D8=(bit)(r1&0x80);

    D9=(bit)(r2&0x01);
    D10=(bit)(r2&0x02);
    D11=(bit)(r2&0x04);
    D12=(bit)(r2&0x08);
    D13=(bit)(r2&0x10);
```

图 5-23　流水灯程序

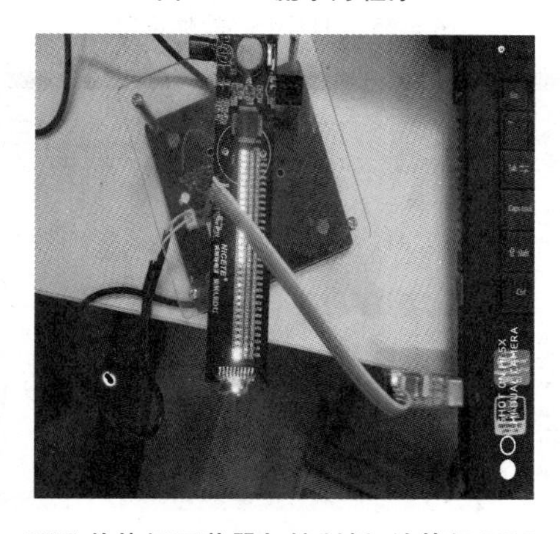

图 5-24　STC 单片机下载器与控制板、计算机 USB 口的连接

设置好有关参数，打开前面生成的. hex 文件，单击左下角下载/编程按钮，完成机器码写入工作。

将单片机控制板接上 5 V 电源，观察 LED 流动情况，检测 LED 是否正常工作。

2）实验 2——文字显示程序

启动单片机 C 语言开发软件 Keil μVision4，创建项目二——用 C 语言编写文字显示程序，保存文件并编译生成. hex 文件。文字显示程序如图 5-26 所示。

启动 STC 单片机，下载编程烧录软件 STC-ISP，打开已经生成的. hex 文件，单击左下角下载/编程按钮，完成机器码写入工作。

将整个旋转 LED 显示屏组装好，接上 5 V 电源，观察 LED 旋转情况，检测 LED 是否正常显示汉字。

修改显示的汉字：启动 PCtoLCD2002 汉字取模软件 PCtoLCD2002. exe，单击参数设置按钮，弹出如图 5-27 所示的窗口。

（1）设置平面字体：显示时将取模软件设置成点阵格式，选择阳码，取模走向选择逆向，

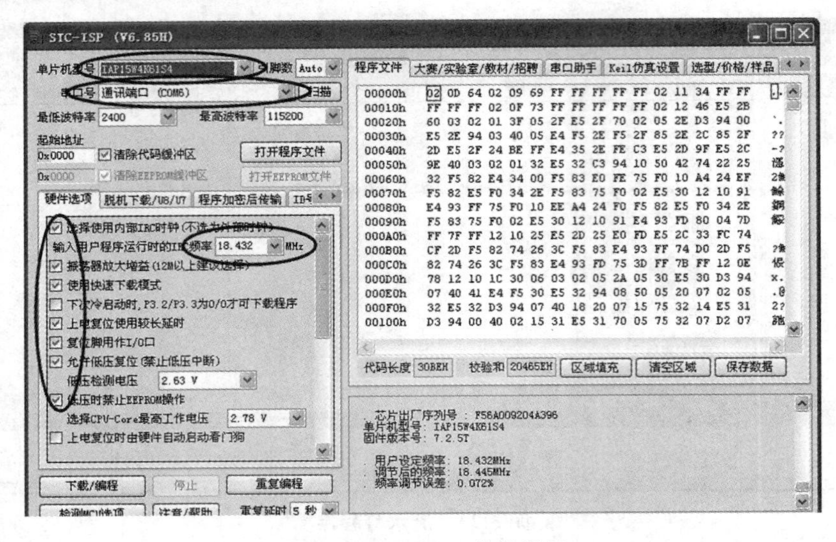

图 5-25 STC-ISP 软件设置

```
#include "common.h"
#include "delay.h"

uchar code dazimo[];
uchar code zimo[];
bit BIT_timeout=0;
uint  i=0,j=0;
#define ucNumRows 190 //定义一周显示列数

/***************************************/
void Show_R(uchar r1,uchar r2)//数据输出IO口  R是右边 16灯
{
    D1=(bit)(r1&0x01);
    D2=(bit)(r1&0x02);
    D3=(bit)(r1&0x04);
    D4=(bit)(r1&0x08);
    D5=(bit)(r1&0x10);
    D6=(bit)(r1&0x20);
    D7=(bit)(r1&0x40);
    D8=(bit)(r1&0x80);

    D9=(bit)(r2&0x01);
```

图 5-26 文字显示程序

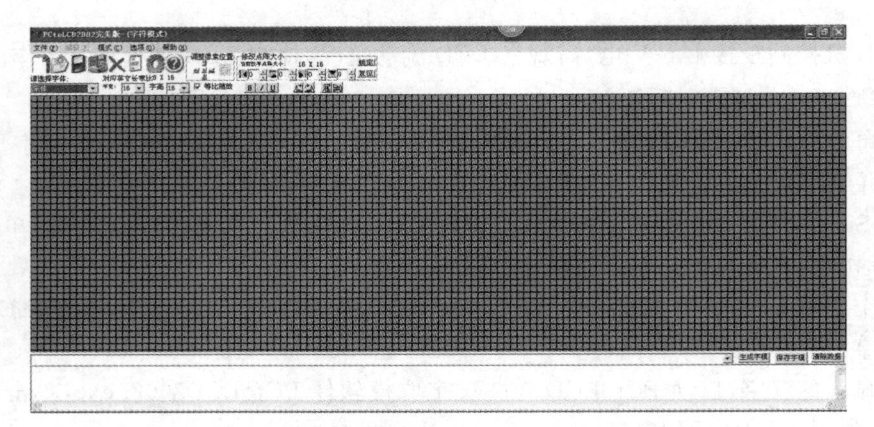

图 5-27 启动 PCtoLCD2002

取模方式选择逐列式，字大小16×16、C51格式，如图5-28所示。

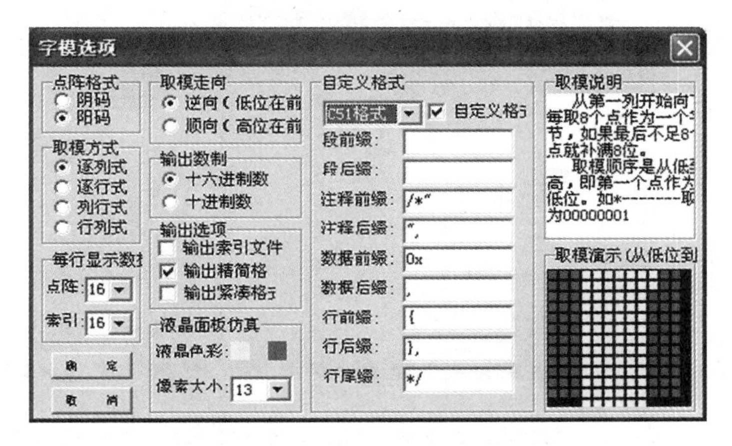

图5-28　平面字体取模设置

(2) 设置立体字体：显示时将取模软件设置成点阵格式，选择阳码，取模走向选择逆向，取模方式选择逐列式，字大小16×16、C51格式，然后单击文字水平翻转，如图5-29所示。

图5-29　立体字体取模设置

将转换了的字模数据代替C语言程序中的数据，编译生成.hex文件，再将生成的.hex文件利用STC下载器写入单片机，观察旋转LED显示屏显示结果。

3) 实验3——平面图片显示程序

旋转LED显示屏还可显示图像。

启动单片机C语言开发软件Keil μVision4，创建项目三——用C语言编写图像显示程序，保存文件并编译生成.hex文件。图像显示程序如图5-30所示。

修改显示的图形：启动圆形图片取模软件，弹出如图5-31所示的窗口。

输入账号：DIY视界。密码：DIY视界。导入白底黑字图片后，自动生成对应字幕数据，

```
#include "NEW_8051.H"
#include "task.h"
#define ucNumRows 190 //定义一周显示列数

uchar code zimo[];
//void PortA(uchar temp)//送显示
//{
//   D24=(bit)(temp&0x01);
//   D23=(bit)(temp&0x02);
//   D22=(bit)(temp&0x04);
//   D21=(bit)(temp&0x08);
//   D20=(bit)(temp&0x10);
//   D19=(bit)(temp&0x20);
//   D18=(bit)(temp&0x40);
//   D17=(bit)(temp&0x80);
//}
//void PortB(uchar temp)//送显示
//{
//   D32=(bit)(temp&0x01);
//   D31=(bit)(temp&0x02);
//   D30=(bit)(temp&0x04);
//   D29=(bit)(temp&0x08);
```

图 5-30　图像显示程序

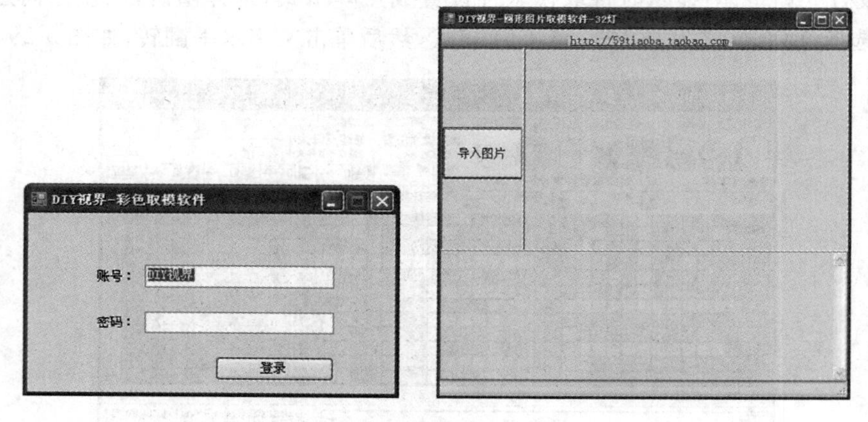

图 5-31　启动圆形图片取模软件

将其数据全部复制到图片显示程序中，替换原程序中的图片数据，编译生成.hex文件，再将生成的.hex文件利用STC下载器写入单片机，观察旋转LED显示屏的显示结果。

任务四　电路测试与故障分析

旋转LED显示屏电路测试需要注意以下三个问题。

(1) 上电，下载流水灯测试程序时，板子毫无反应。

故障处理：检测 VD_{17}(IN4148)是否焊接正确。

(2) 汉字显示不了。

故障处理：红外发射管和红外接收管对接上。

(3) 旋转LED，旋转时有时能显示汉字，有时不能显示汉字，有时显示几条线。

故障处理：SS14(IN5819)虚焊，重新焊接。

项目小结

本项目以装配旋转 LED 显示屏任务为引领，通过工艺卡片介绍整个制作过程，包括具体的操作步骤、工艺要求、焊接质量、注意事项、自检互检等，让学生可以轻松地按照卡片完成旋转 LED 显示屏的装配和调试方法，训练学生装配与调试电子产品的技能，同时在动手实践过程中让学生理解相关的理论知识。

本次制作的旋转 LED 显示屏是一种通过同步控制发光二极管位置和点亮状态来实现图文显示的新型显示屏，可视范围达 360°，其核心技术在于精确控制 LED 显示屏与发光状态的同步。它的显示器件只有一列显示屏，且这一列 LED 显示屏由转速恒定的 LED 显示屏进行旋转，同时由控制电路对 LED 显示屏的点亮状态进行同步控制，使电动机每转过一定角度，这一列 LED 显示屏的显示内容就改变一次。旋转到的每一个位置都有唯一确定的显示内容，即 LED 显示屏是采用逐列显示，且机械转动替代扫描显示。

【考核与评价】

(1) 理解电路工作原理，利用测量仪器测量电路参数及相关数据。

(2) 掌握电子产品整机装配与调试、故障现象分析。

(3) 自评互评，填写如表 5-3 所示的自评互评表。

表 5-3　自评互评表

<table>
<tr><td>班级</td><td></td><td>姓名</td><td></td><td>学号</td><td></td><td>组别</td><td colspan="2"></td></tr>
<tr><td>项目</td><td colspan="2">考核要求</td><td>配分</td><td colspan="3">评分标准</td><td>自评分</td><td>互评分</td></tr>
<tr><td>元器件的识别</td><td colspan="2">按要求对所有元器件进行识别</td><td>20</td><td colspan="3">元器件识别错误，每个扣 2 分</td><td></td><td></td></tr>
<tr><td>元器件成型、插装与排列</td><td colspan="2">(1)元器件按工艺要求成型。
(2)元器件符合插装工艺要求。
(3)元器件排列整齐、标示方向一致</td><td>20</td><td colspan="3">(1)成型不合要求，每处扣 1 分。
(2)插装位置、工艺不合要求，每处扣 2 分。
(3)排列、标示不合理，每处扣 3 分</td><td></td><td></td></tr>
<tr><td>导线连接</td><td colspan="2">(1)导线挺直、紧贴 PCB 板。
(2)板上的连接线呈直线或直角，且不能相交</td><td>10</td><td colspan="3">(1)导线弯曲、拱起，每处扣 2 分。
(2)连线弯曲、不直，每处扣 2 分。
(3)连接线相交，每处扣 2 分</td><td></td><td></td></tr>
<tr><td>焊接质量</td><td colspan="2">(1)焊点均匀、光滑、一致，无毛刺、无假焊等现象。
(2)焊点上引脚不能过长</td><td>20</td><td colspan="3">(1)有搭锡、假焊、虚焊、漏焊、焊盘脱落等现象，每处扣 2 分。
(2)出现毛刺、焊料过多或过少、焊接点不光滑、引脚过长等现象，每处扣 2 分</td><td></td><td></td></tr>
</table>

续表

班级	姓名		学号	组别	
项目	考核要求	配分	评分标准	自评分	互评分
电路调试	(1)工作是否正常。 (2)连线正确	20	(1)不按要求进行调试,扣1～5分。 (2)调试结果不正常,扣5～20分		
安全文明操作	严格遵守安全操作规程、工作台上工具排放整齐、符合“6S”管理要求	10	违反安全操作、工作台上脏乱、不符合“6S”管理要求,酌情扣3～10分		
反思记录(附加10分)	项目		记录		
	故障排除	3			
	你会做的	2			
	你能做的	2			
	任务创新方案	3			
合计		100＋10			

学生交流改进总结:

教师签名:

课后练习

1. 请简述无线供电技术。
2. 请描述旋转LED功能的原理。
3. 请简述三种调试实验的原理。

实训项目 

手机控制智能小车

手机控制智能小车是基于安卓手机蓝牙控制智能小车的设计。遥控小车由手机平台、蓝牙通信模块、电动机驱动等硬件模块组成，实现小车的前进、后退、左转、右转等实时控制功能。

学习目标

知识目标

（1）了解蓝牙技术的基本知识。
（2）了解蓝牙控制智能小车的工作原理。
（3）了解产品中的特殊器件及相关应用。

技能目标

（1）会依照工艺文件装配较复杂的电子整机产品。
（2）会依照工艺文件调试较复杂的电子整机产品。
（3）会调试蓝牙控制装置。

职业素养目标

（1）保持操作工位清洁、卫生。
（2）在操作前进行安全措施检查。
（3）能够安全使用焊接设备及安装工具进行产品的装配。
（4）正确使用仪器仪表，注意探头或表笔的摆放，防止短路。

任务一　认 识 电 路

1. 手机控制智能小车简介

智能机器人能够担任人类难以从事的任务，在工业制造、农业生产、国家安全、军事武器、医疗保健、太空探测等许多领域都在发挥越来越重要的作用，在军事侦查、反恐、防暴、防核化等高危任务方面，在环境污染检测方面均有着非常好的发展前景。

图 6-1　手机控制智能小车

本次实训的手机控制智能小车系统包括对周围环境的检测、舵机控制以及短距离无线遥控等功能。手机控制智能小车通过其上部搭载的 STC12C5A60S2 芯片作为核心控制器，通过多种传感器来获取周围环境的信息，并将采集到的信息输送给 CPU，然后由 CPU 给各部分下达相应的指令。手机控制智能小车分为控制板和底板两部分，其外形如图 6-1 所示。

控制智能小车的主要模式有蓝牙模式、寻迹模式、避障模式、声控模式和光控模式等五种。这些模式可以自由切换，主要通过主板上的拨码开关进行选择，工作框图如图 6-2 所示。

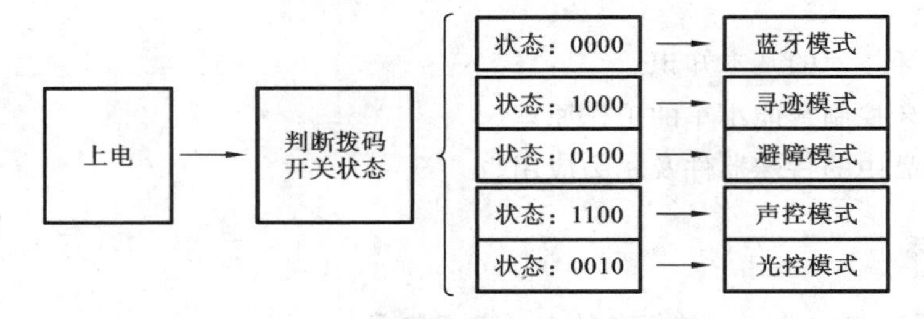

图 6-2　智能小车控制模式框图

模式选择电路设计在主板上方，核心器件为四位拨码开关，拨码开关电路原理如图 6-3 所示。

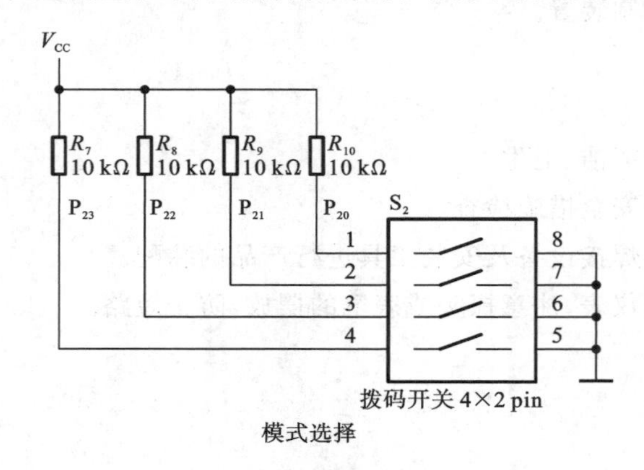

图 6-3　拨码开关原理图

由图6-3可知，拨码开关的1～4脚分别接在单片机的P_{20}（P2.0）、P_{21}（P2.1）、P_{22}（P2.2）、P_{23}（P2.3）。这4个脚都是I/O端口，能够识别该脚的高低电平的状态。当开关没有闭合时，I/O识别的状态为高电平，即为1；当开关闭合后，I/O识别的状态为低电平，即为0。因此，当四个开关处于不同状态时，单片机可识别0000、1000、0100、1100、0010状态，再根据不同的状态切换到不同的模式。

1）蓝牙模式

此次智能小车的设计利用安卓系统手机蓝牙的功能，配备车载蓝牙装置，建立无线通信。可在10 m范围内实现蓝牙连接，做到操作准确、响应迅速，可以无线遥控小车。操作时先启动手机主控软件，操作手机自动搜索车载蓝牙模块，搜索完成后，手机向单片机发送一个确认连接指令，单片机收到指令后进行自检并向手机返回一个应答信号，手机再确认，连接通信建立，然后即可通过手机向智能小车发出进退、转向命令。单片机对收到的指令进行处理，然后启动相应的电动机动作来实现命令。蓝牙传输系统模块框图如图6-4所示。

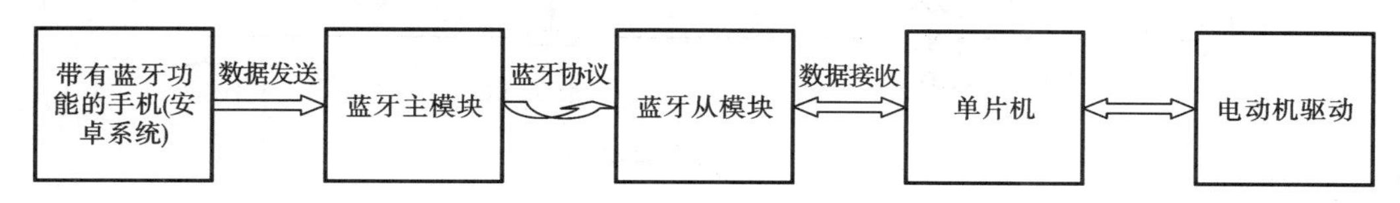

图6-4　蓝牙传输系统模块框图

2）寻迹模式

将智能小车主板上的拨码开关状态置为1000时，智能小车切换到寻迹模式。当地面上有黑色的轨道时，智能小车可以沿着黑色轨道自己运行。寻迹模式的核心是ST188光电传感器，ST188光电传感器实物图和内部示意图如图6-5所示。在智能小车的底板上安装了两个ST188光电传感器，该光电传感器可以识别黑色的路迹，并将路迹信息变为电信号传送给单片机，单片机再发出控制指令：两边光电传感器都识别到白线，小车前进；左边光电传感器识别到黑线，小车向左前方运动；右边光电传感器识别到黑线，小车向右前方运动；两边光电传感器都识别到黑线，小车停止。

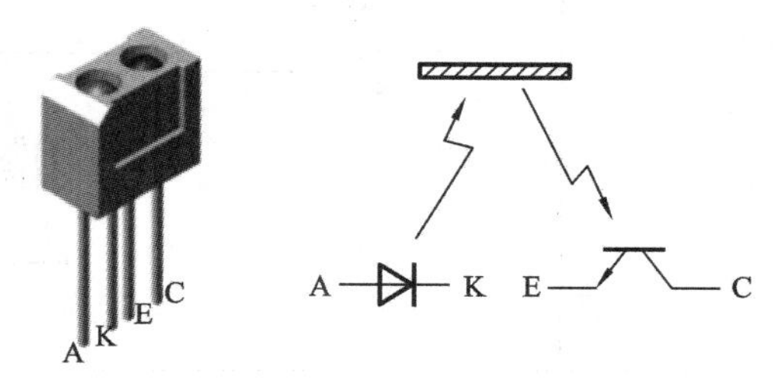

图6-5　ST188**光电传感器实物图和内部示意图**

ST188光电传感器模块是一款红外反射式光电开关，由高发射功率红外光电二极管和高灵敏度光电晶体管组成，输出信号经施密特电路整形后稳定、可靠。A、K两端提供正向导通电压，红外光电二极管开始发射红外线。当遇到白色路面时，将红外线反射回去，此时高灵敏度光电晶体管接收到红外线后，C、E导通；当遇到黑色路面时，将红外线吸收了，此时高灵敏度光电晶体管没有接收到红外线，C、E截止。

图6-6所示的是寻迹电路原理图。

以图6-6(a)所示的寻迹左的电路为例来进行分析，此电路包含光电传感器电路和电压比较器电路两部分。

(1) 光电传感器电路。当S_1闭合时，VC1脚为5 V高电平。ST188光电传感器的发射

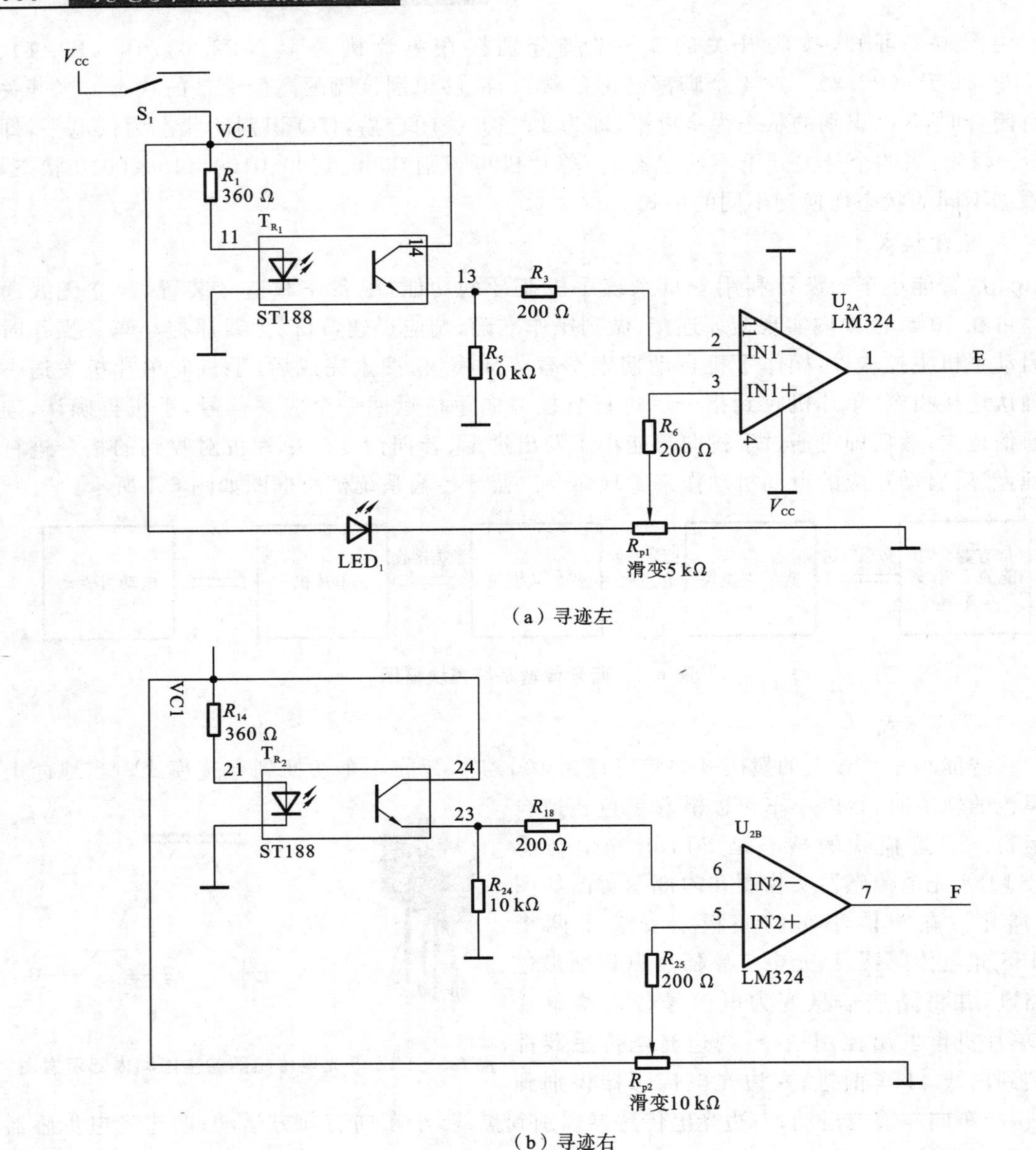

（a）寻迹左

（b）寻迹右

图 6-6　寻迹电路原理图

管两端满足正向导通电压，发射管开始发射红外线。当光电传感器正对着白色路面时，红外线反射回来被接收管吸收后，13 脚、14 脚导通，2 脚为 5 V 高电平；当光电传感器正对着黑色路面时，红外线无法反射回来，13 脚、14 脚截止，2 脚为 0 V 低电平。

(2) 电压比较器电路。先调节 R_{p1}，将 3 脚的电位改变为 2～3 V。当 2 脚电位为 5 V 时，1 脚输出为 0 V；当 2 脚电位为 0 V 时，1 脚输出为 5 V。

运放的 1 脚又连接到单片机的 5 脚(P1.4)，单片机根据识别该脚的高低电平状态来判断光电传感器正对的路面是黑色还是白色，然后进行相应的操作。

3）避障模式

智能小车主板上的拨码开关状态置为0100时，智能小车切换到避障模式。当前面出现障碍物时，小车能够避障。避障模式的核心是红外发射管和红外接收管。智能小车的底板上方安装了两个红外发射管，如图6-7所示，在它的正下方安装了两个红外接收管。处于避障模式时，红外发射管不断地发射红外线。当前方有障碍物时，会将红外线反射回来，红外接收管接收到红外线后变成电信号发送给单片机，单片机再发出避障的指令。

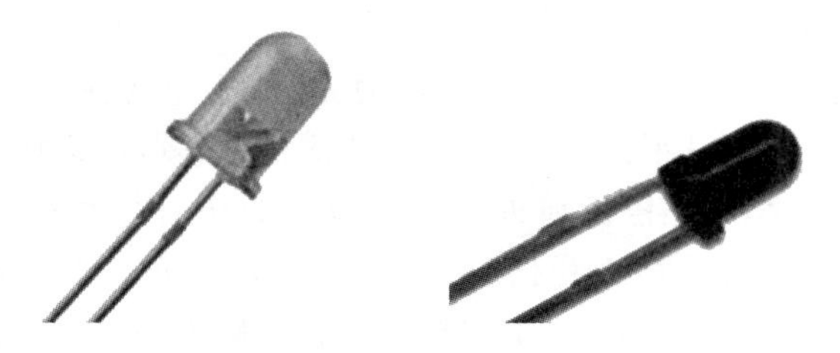

图6-7　红外发射管和红外接收管实物图

避障电路包含了红外发射接收电路、信号放大电路、接收解调电路，如图6-8所示。

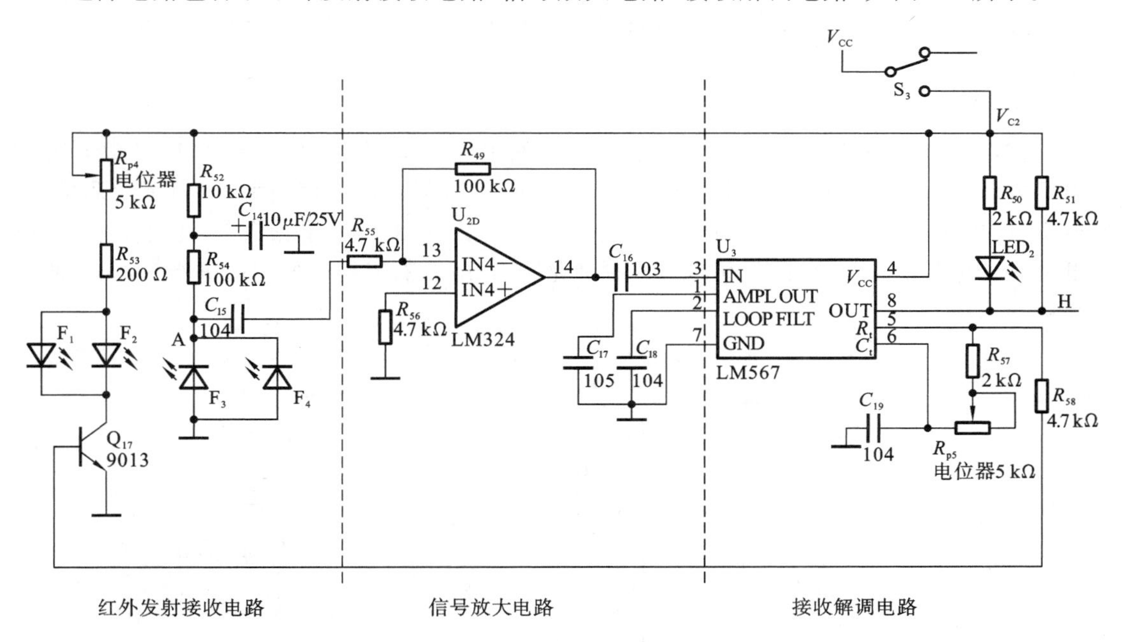

图6-8　避障电路原理图

（1）红外发射接收电路：红外发射管在正向电压的驱动下发射红外线，而红外接收管则是在反向电压作用下才能工作。当无障碍物时，A点电位为高电平；当有障碍物时，A点电位为低电平。

（2）信号放大电路：由于红外发射管中的电流非常小，所以需要对信号进行放大处理。因此采用了一个典型的反相比例放大电路，放大倍数$A_{uf}=-R_{49}/R_{55}\approx-20$。

（3）接收解调电路：核心器件是LM567。LM567主要是用于500 kHz以下的选频，由芯片5、6脚之间连接的电阻和电容，来确定中心频率，同时5脚会输出与中心频率一致的脉冲信号。当 3 脚接收的输入信号频率等于该中心频率时，8 脚输出有效低电平。

具体的工作过程如下。LM567 与外围的 R、C 确定了中心频率 $f_0=1/(1.1RC)$，LM567 的 5 脚输出频率为 f_0 的脉冲信号到 Q_{17} 的基级，导致红外发射管也以 f_0 的频率发射红外线，当前方出现障碍物时，红外接收管所产生的电信号频率也为 f_0，再经放大电路放大后输入到 LM567 的 3 脚，可以确保输入信号与中心频率一致，使得 8 脚输出低电平被单片机识别来判断前方有无障碍物。

4）声控模式

智能小车主板上的拨码开关状态置为 1100 时，智能小车切换到声控模式：出现一定分贝的声响，智能小车开始前进一段距离后停止。当主板上的拨码开关状态置为 0010 时，切换到光控模式：有光亮时，智能小车不停的前进。声控模式的核心是驻极体话筒。当出现一定分贝的声响时，驻极体话筒识别后将声音信号变为电信号，当单片机接收到电信号后，发出控制指令，让智能小车前进一段距离后自动停止。如果声响不断，则小车不停运行。声控电路很简单，具体主要由驻极体话筒与三极管构成，具体电路如图 6-9 所示。

当没有声响时，A 点无信号输出；当有声响时，A 点输出脉冲信号。再由 C_{12} 耦合到 Q_2 基极，此时三极管由截止状态变为导通状态，P_{07} 就识别到有效低电平，此时单片机发出前进指令。

5）光控模式

光控电路核心是光敏电阻。当有光照时，光敏电阻阻值很小；当无光照时，光敏电阻的阻值很大。光控电路原理图如图 6-10 所示，没有光时，光敏电阻阻值很大，相当于断开状态，此时 P_{37} 的电位是高电平；当有光照时，光敏电阻阻值很小，相当于导通状态，此时 P_{37} 的电位是低电平。单片机根据 P_{37} 的电位就可以判断是否有光照，有光照就发出前进指令，无光照就发出停止指令。

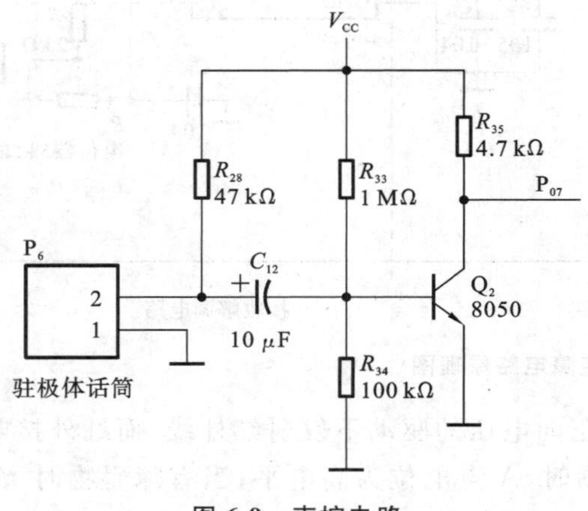

图 6-9　声控电路

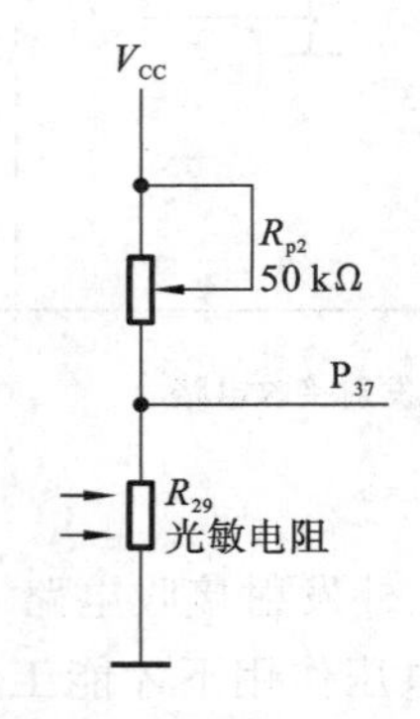

图 6-10　光控电路原理图

2. 手机控制智能小车控制板的原理

智能小车控制板上主要有 STC12C5A60S2 主控制器模块、蓝牙传输模块、显示模块电路，如图 6-11 所示。

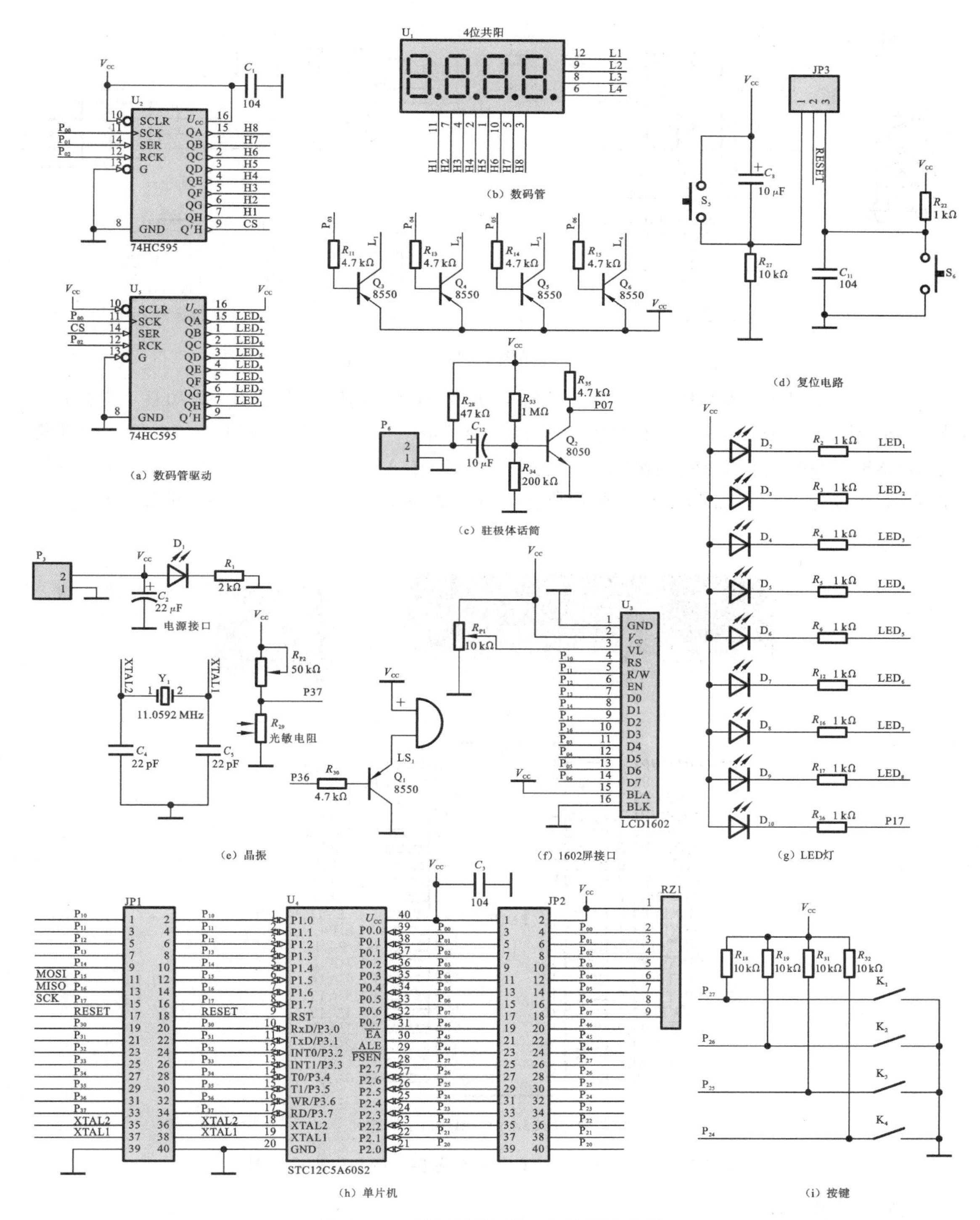

图 6-11　手机控制智能小车控制板电路

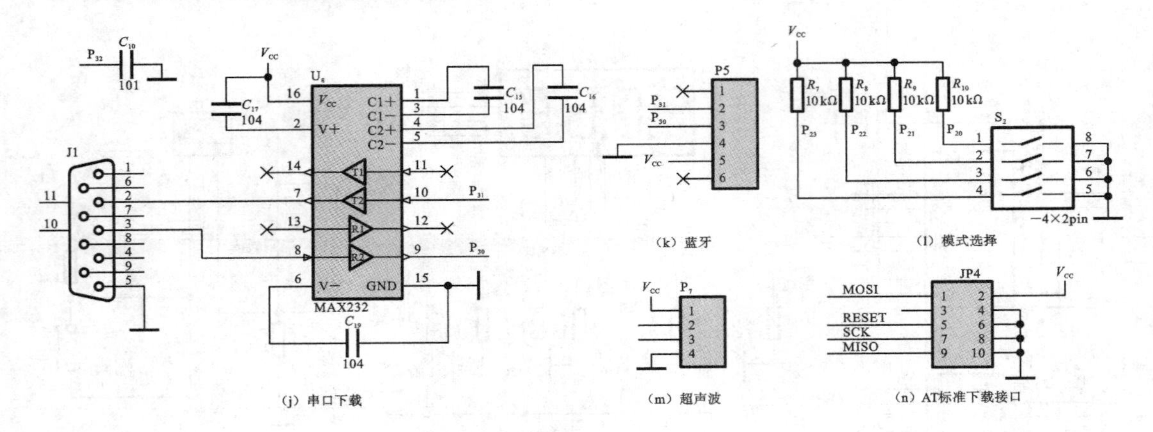

(j) 串口下载　(k) 蓝牙　(l) 模式选择　(m) 超声波　(n) AT标准下载接口

续图 6-11

STC12C5A60S2 单片机是单时钟、机器周期为 1T 的单片机，是高速、低功耗、超强抗干扰的新一代 8051 单片机，指令代码完全兼容传统 8051 单片机，但速度快 8～12 倍。内部集成 MAX810 专用复位电路、2 路 PWM、8 路高速 10 位 A/D 转换(250 kHz)，针对电动机控制、强干扰场合。STC12C5A60S2 单片机实物外形如图 6-12(a)所示，引脚排列如图 6-12(b)所示。

(a) STC12C5A60S2单片机外形

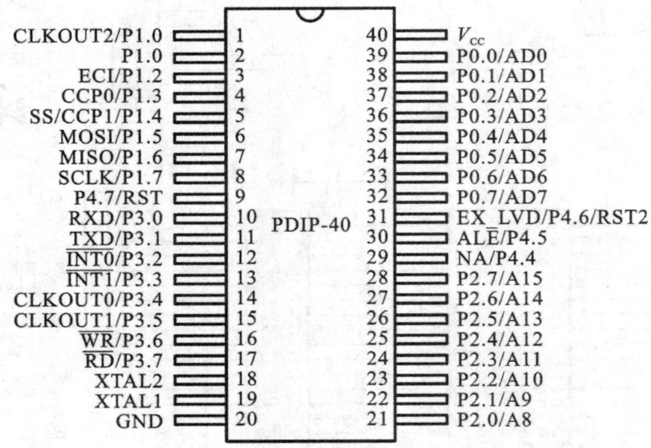

(b) STC12C5A60S2单片机引脚排列

图 6-12　STC12C560S2 单片机外形实物图和引脚排列图

1) 主要技术参数

(1) 工作电压：STC12C5A60S2 单片机工作电压为 3.3～5.5 V。

(2) 工作频率范围:0～35 MHz,相当于普通8051单片机的0～420 MHz。

2) 引脚功能介绍

P0.0～P0.7(39～32脚):P_0 端口是漏极开路型准双向I/O端口。在访问外部存储器时,它是分时多路转换的地址(低8位)和数据总线,在访问期间激活了内部的上拉电阻;在EPROM编程时,它接收指令字节;而在验证程序时,则输出指令字节。验证时,要求外接上拉电阻。

P1.0～P1.7(1～8脚):P_1 端口是带内部上拉电阻的8位双向I/O端口。在EPROM编程和程序验证时,它接收低8位地址。

P2.0～P2.7(21～28脚):P_2 端口是带内部上拉电阻的8位双向I/O端口。在访问外部存储器时,它送出高8位地址。在对EFROM编程和程序验证期间,它接收高8位地址。

P3.0～P3.7(10～17脚):P_3 端口是带内部上拉电阻的8位双向I/O端口。

任务二 智能小车控制板手工焊接

装配前将控制板的元器件按元器件清单整理、归类,以便进行检测与焊接,如图6-13所示。手机控制智能小车分控制板和底板两部分。此项目要求先装配控制板,后装配底板。

图6-13 元器件与材料的准备

1. 智能小车控制板元器件识别与检测

制作之前,需要对照清单将手机控制智能小车控制板的元器件,进行识别与清点,元器件清单如表6-1所示。

表6-1 智能小车控制板元器件清单

序号	名称	参数	标号	封装	数量	实物图
1	电阻	2 kΩ	R_1	贴片	1	—

续表

序号	名称	参数	标号	封装	数量	实物图
2	电阻	1 kΩ	$R_2 \sim R_6$ R_{12}, R_{16}, R_{17}, R_{22}, R_{36}	贴片	10	—
3	电阻	10 kΩ	$R_7 \sim R_{10}$, R_{18}, R_{19}, R_{27}, R_{31}, R_{32}	贴片	9	—
4	电阻	4.7 kΩ	R_{11}, R_{13}, R_{14}, R_{15}, R_{30}, R_{35}	贴片	6	—
5	电阻	47 kΩ	R_{28}	贴片	1	—
6	电阻	1 MΩ	R_{33}	贴片	1	—
7	电阻	200 kΩ	R_{34}	贴片	1	—
8	贴片电容	104	C_1, C_3, C_{11}, C_{15}, C_{16}, C_{17}, C_{19}	贴片	7	—
9	贴片电容	22 pF	C_4, C_5	贴片	2	—
10	瓷片电容	101	C_{10}	直插	1	—
11	电解电容	22 μF/25 V	C_2	直插	1	—
12	电解电容	10 μF/25 V	C_8, C_{12}	直插	2	—
13	LED 发光二极管	红色	$VD_1 \sim VD_{10}$	贴片	10	
14	三极管	8550	Q_1, Q_3, Q_4, Q_5, Q_6	直插	5	
15	三极管	8050	Q_2	直插	1	
16	光敏电阻	—	R_{29}	直插	1	
17	排阻	9 针,10 kΩ	R_{Z1}	直插	1	

续表

序号	名称	参数	标号	封装	数量	实物图
18	3692 电位器	10 kΩ	R_{P1}	直插	1	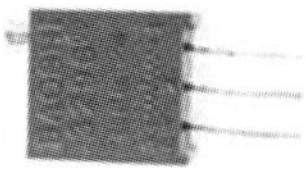
19	3692 电位器	50 kΩ	R_{P2}	直插	1	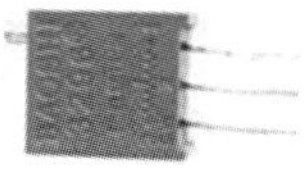
20	晶振	11.0592 MHz	Y_1	直插	1	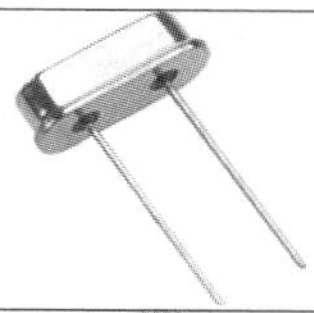
21	按键	6 mm	$K_1 \sim K_4$，S_5，S_6	直插	6	
22	蜂鸣器	有源蜂鸣器	LS_1	直插	1	
23	驻极体话筒	—	P_6	直插	1	
24	数码管	4 位共阳	U_1	直插	1	
25	拨码开关	4 位	S_2	直插	1	
26	74HC595	—	U_2，U_5	贴片	2	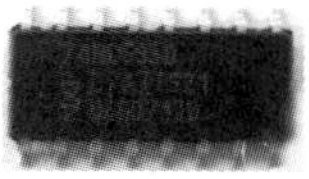
27	max232	—	U_8	贴片	1	
28	芯片座	40 脚双列	U_4	直插	1	

续表

序号	名称	参数	标号	封装	数量	实物图
29	单片机	STC12C5A60S2	—	直插	1	
30	双排针	2.54 mm 间距	JP_1,JP_2	直插	2	
31	跳线帽	—	—	—	1	
32	单排针	2.54 mm 间距	JP_3	直插	1	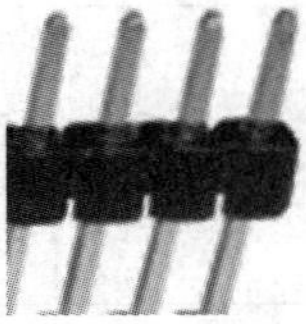
33	简易牛角座	10 针	JP_4	直插	1	
34	防反插座	2 pin	P_3	直插	1	
35	单排座	2.54 mm 间距(6 针)	P_5	直插	1	
36	单排座	2.54 mm 间距(4 针)	P_7	直插	1	

续表

序号	名称	参数	标号	封装	数量	实物图
37	串口座	DB_9	J_1	直插	1	

2. 智能小车控制板贴片元器件的焊接

在一般的焊接过程中，首先进行的是电子整机的主板焊接，而在主板焊接中应该先焊接SMT元器件。

安装步骤如下。

(1) 按照元器件清单整理好SOP封装的芯片及其他贴片封装的元器件，并核对元器件数量，封装。

(2) 在PCB板上找到元器件相对应的位置。

(3) 焊接时先贴芯片，后贴其他贴片元器件。

注意事项如下。

(1) 元器件标示可见。

(2) 元器件同方向放置。

(3) 所有锡铅焊点应当有光亮、光滑的外观。

(4) 芯片引脚之间不能有桥接现象。

装配作业指导书如图6-14和图6-15所示。

3. 智能小车控制板分立元器件及接插器件的焊接

THT元器件又称穿孔元器件，一般在手工焊接完SMT元器件后，接下来需要焊接的是THT元器件。

安装步骤如下。

(1) 按照元器件清单整理好分立元器件及接插元器件，并核对元器件数量，封装。

(2) 在PCB板上找到元器件相对应的位置。

(3) 焊接时按照先低后高的顺序将元器件焊接到PCB板上相应的位置。

(4) 先焊接色环电阻，后焊接瓷片电容、电解电容以及接插元器件。

注意事项如下。

(1) 元器件标示可见。

(2) 元器件同方向放置。

① 色环电阻横向放置时，第一环统一向左、误差环统一向右；色环电阻纵向放置时，第一环统一向上、误差环统一向下。

② 瓷片电容放置时，标示面向操作者。

③ 电解电容放置时，注意元器件的正负极性。

(3) 所有锡铅焊点应当有光亮、光滑的外观，并在被焊金属表面形成凹形的弯液面。

装配作业指导书如图6-16、图6-17、图6-18、图6-19所示。

作业指导书										
						文件编号：TG22-HR4912		页码	1	
适用场合	电子分厂	产品系列		工序编号		标准时间		编制/日期		会签/日期
	电子车间	产品名称	手机控制智能小车	工序名称	贴片器件	岗位人数		审核/日期		批准/日期

图片说明

操作步骤

（1）清点贴片元器件的数量和型号，并与清单核对。

（2）按照清单焊接贴片芯片。焊接要做到焊点质量高，放置时注意芯片第一脚与PCB板相对应。

（3）按照清单焊接贴片电阻。焊接要做到焊点质量高。电阻放置时，注意标示朝统一方向，且焊点无虚焊、漏焊，形状呈梯形。

自检内容

（1）贴片芯片的装配要紧贴PCB板，且第一脚方向要与PCB板方向对应，引脚之间不能有短路现象。

（2）贴片电阻的装配要注意标示方向统一、元器件紧贴PCB板、焊点无拉尖。

互检内容

无漏焊、错焊、虚焊。

注意事项

此工序需戴防静电手套操作。

物料表

物料编码	物料名称/规格	数量
	见智能小车控制板元器件清单	

设备/工具

名称	型号	技术参数
焊接工具		

图6-14　贴片元器件的焊接装配作业指导书(1)

作业指导书						文件编号:TG22-HR4913		页码	2
适用场合	电子分厂	产品系列		工序编号		标准时间		编制/日期		会签/日期	
	电子车间	产品名称	手机控制智能小车	工序名称	贴片器件	岗位人数		审核/日期		批准/日期	

图片说明

操作步骤

(1) 按照清单焊接贴片电容,焊接要做到焊点质量高。装配时要求电容紧贴 PCB 板,不能错焊。

(2) 按照清单焊接贴片 LED 二极管,焊接要做到焊点质量高。

注意:正负极性与 PCB 板对应且要紧贴 PCB 板。

自检内容

(1) 贴片电容一定按照清单及标示装配。

(2) 贴片 LED 二极管的极性与 PCB 板相对应。

互检内容

无漏焊、错焊、虚焊。

注意事项

此工序需戴防静电手套操作。

物料表

物料编码	物料名称/规格	数量
	见智能小车控制板元器件清单	

设备/工具

名称	型号	技术参数
焊接工具		

图 6-15　贴片元器件的焊接装配作业指导书(2)

		作业指导书							
					文件编号：TG22-HR4914			页码	3
适用场合	电子分厂	产品系列		工序编号		标准时间		编制/日期		会签/日期	
	电子车间	产品名称	手机控制智能小车	工序名称	接插器件	岗位人数		审核/日期		批准/日期	

图片说明	操作步骤	自检内容
注意：电解电容的极性 注意：三极管引脚排列与PCB板对应	(1) 按照清单焊接瓷片电容，焊接要做到焊点质量高。 (2) 按照清单焊接电解电容，焊接要做到焊点质量高。 (3) 按照清单焊接三极管，焊接要做到焊点质量高。	(1) 注意电解电容的极性。 (2) 注意三极管的引脚排列与PCB板对应。 **互检内容** 无漏焊、错焊、虚焊。 **注意事项** 此工序需戴防静电手套操作。

物料表

物料编码	物料名称/规格	数量
	见智能小车控制板元器件清单	

设备/工具

名称	型号	技术参数
焊接工具		

图 6-16 接插元器件的焊接装配作业指导书(1)

<table>
<tr><td colspan="2"></td><td colspan="5">作业指导书</td><td colspan="4">文件编号：TG22-HR4915</td><td>页码</td><td>4</td></tr>
<tr><td rowspan="2">适用场合</td><td>电子分厂</td><td>产品系列</td><td></td><td>工序编号</td><td></td><td>标准时间</td><td></td><td>编制/日期</td><td></td><td>会签/日期</td><td colspan="2"></td></tr>
<tr><td>电子车间</td><td>产品名称</td><td>手机控制智能小车</td><td>工序名称</td><td>接插元器件的焊接</td><td>岗位人数</td><td></td><td>审核/日期</td><td></td><td>批准/日期</td><td colspan="2"></td></tr>
<tr><td colspan="4">图片说明</td><td colspan="5">操作步骤
（1）按照清单焊接排阻，焊接要做到焊点质量高，要求无虚焊、漏焊、错焊现象。
（2）按照清单焊接晶振，焊接要做到焊点质量高，要求无虚焊、漏焊、错焊现象。
（3）按照清单焊接按键开关，焊接要做到焊点质量高，要求无虚焊、漏焊、错焊现象。
（4）按照清单焊接拨码开关，焊接要做到焊点质量高，要求无虚焊、漏焊、错焊现象。</td><td colspan="4">自检内容
（1）排阻的第一脚与 PCB 板相对应。
（2）晶振无极性要求，与 PCB 板紧贴。
（3）拨码开关上的 ON 与 PCB 板对应。
互检内容
无漏焊、错焊、虚焊。
注意事项
此工序需戴防静电手套操作。</td></tr>
</table>

物料表		
物料编码	物料名称/规格	数量
	见智能小车控制板元器件清单	

设备/工具		
名称	型号	技术参数
焊接工具		

图 6-17　接插元器件的焊接装配作业指导书(2)

	作业指导书									
					文件编号:TG22-HR4916			页码	5
适用场合	电子分厂	产品系列		工序编号		标准时间		编制/日期		会签/日期	
	电子车间	产品名称	手机控制智能小车	工序名称	接插元器件的焊接	岗位人数		审核/日期		批准/日期	

图片说明	操作步骤	自检内容
	(1) 按照清单焊接可调电阻。 (2) 按照清单焊接驻极体。 (3) 按照清单焊接蜂鸣器。 (4) 按照清单焊接光敏电阻。	(1) 可调电阻的调节旋钮与PCB板相对应。 (2) 注意蜂鸣器的极性。 (3) 注意安装光敏电阻时要留一定的高度。 互检内容 无漏焊、错焊、虚焊。 注意事项 此工序需戴防静电手套操作。

物料表

物料编码	物料名称/规格	数量
	见智能小车控制板元器件清单	

设备/工具

名称	型号	技术参数
焊接工具		

图 6-18　接插元器件的焊接装配作业指导书(3)

作业指导书									
文件编号：TG22-HR4917								页码	6
适用场合	电子分厂	产品系列		工序编号		标准时间		编制/日期	会签/日期
	电子车间	产品名称	手机控制智能小车	工序名称	接插元器件的焊接	岗位人数		审核/日期	批准/日期

图片说明

操作步骤

(1) 按照清单焊接数码管。

(2) 焊接双排针、牛角座、单片机座。

(3) 焊接单排针、单排座及串口座。

(4) 焊接防反插座。

注意：防反插座安装在 PCB 板的反面、缺口与 PCB 板方向。

自检内容

(1) 注意数码管小数点的位置。

(2) 注意单片机座的缺口方向与 PCB 板对应。

(3) 注意牛角座的缺口方向与 PCB 板对应。

(4) 防反插座安装在 PCB 板的背面，缺口与 PCB 板反向。

互检内容

无漏焊、错焊、虚焊。

注意事项

此工序需戴防静电手套操作。

物料表

物料编码	物料名称/规格	数量
	见智能小车控制板元器件清单	

设备/工具

名称	型号	技术参数
焊接工具		

图 6-19　接插元器件的焊接装配作业指导书(4)

任务三　智能小车底板手工焊接

1. 智能小车底板实物图和原理图

智能小车底板主要有电源电路、电动机电路、寻迹电路、避障电路和测速电路部分，详见实训项目 6 的任务一。底板实物图如图 6-20 所示，电路原理图如图 6-21 所示。

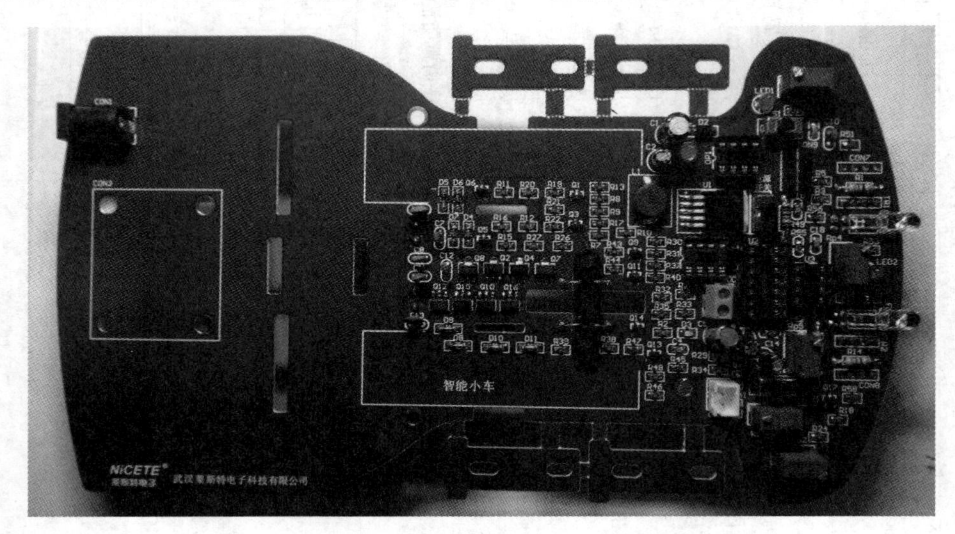

图 6-20　智能小车底板实物图

2. 智能小车底板元器件识别与检测

在焊接底板元器件之前，应对照清单将底板上的装配元器件进行识别与清点，智能小车底板元器件清单如表 6-2 所示。

3. 智能小车底板贴片元器件的焊接

在智能小车底板焊接中，底板贴片元器件焊接步骤如下。

(1) 按照元器件清单整理好贴片封装的元器件，并核对元器件数量，封装。

(2) 在 PCB 板上找到器件相对应的位置。

(3) 焊接时先贴芯片，后贴其他贴片元器件。

底板贴片元器件的焊接注意事项如下。

(1) 元器件标示可见。

(2) 元器件同方向放置。

(3) 所有锡铅焊点应当有光亮、光滑的外观。

(4) 芯片引脚之间不能有桥接现象。

底板贴片元器件的焊接装配作业指导书如图 6-22、图 6-23、图 6-24 所示。

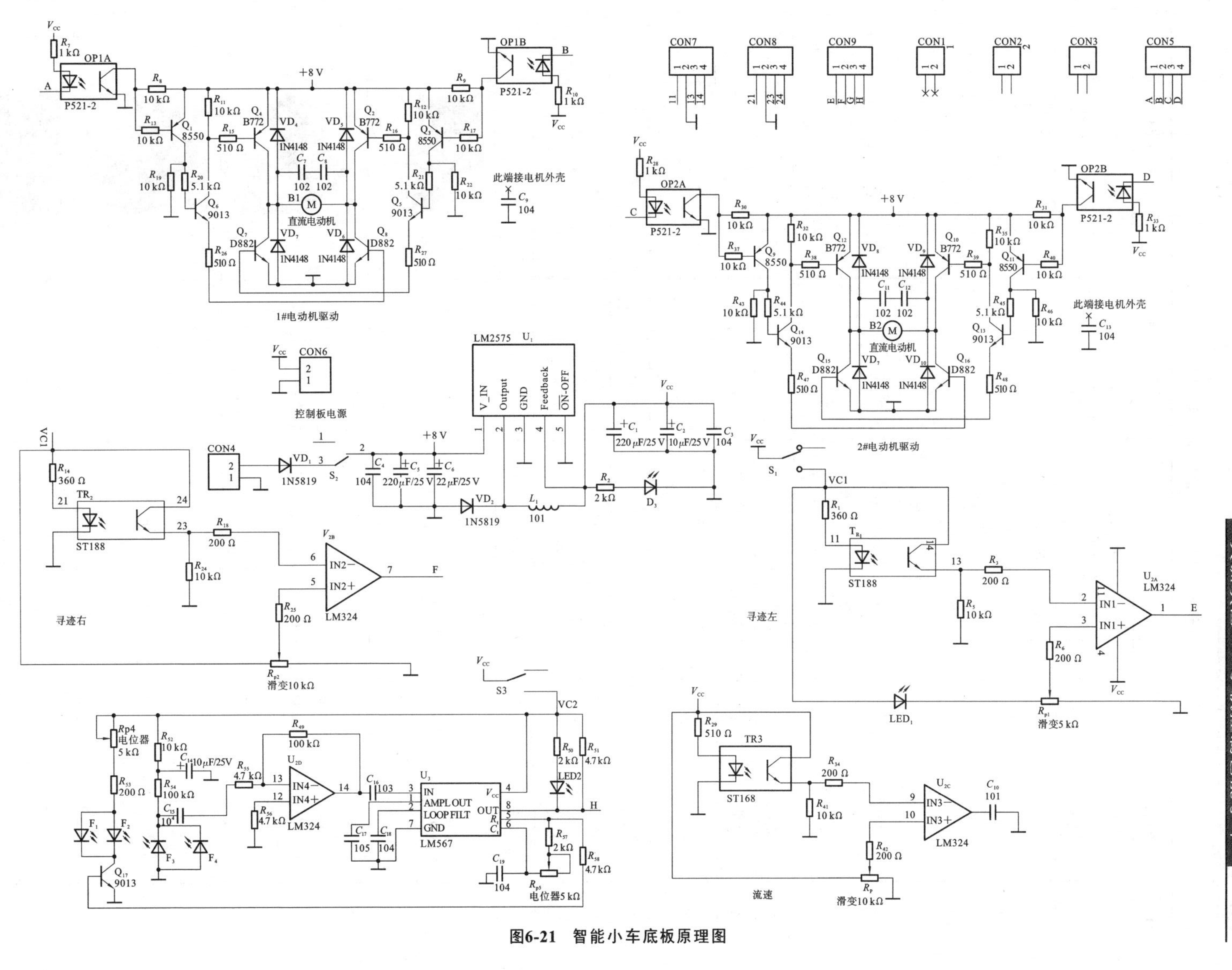

图6-21 智能小车底板原理图

表 6-2 智能小车底板元器件清单

序号	名称	参数	标号	封装	数量	实物图
1	电阻	2 kΩ	R_2，R_{50}，R_{57}	贴片	3	—
2	电阻	360 Ω	R_1，R_{14}	贴片	2	—
3	电阻	10 kΩ	R_5，R_8，R_9，R_{11}，R_{12}，R_{13}，R_{17}，R_{19}，R_{22}，R_{24}，R_{30}，R_{31}，R_{32}，R_{35}，R_{37}，R_{40}，R_{41}，R_{43}，R_{46}，R_{52}	贴片	20	—
4	电阻	1 kΩ	R_7，R_{10}，R_{28}，R_{33}	贴片	4	—
5	电阻	510 Ω	R_{15}，R_{16}，R_{26}，R_{27}，R_{29}，R_{38}，R_{39}，R_{47}，R_{48}	贴片	9	—
6	电阻	5.1 kΩ	R_{20}，R_{21}，R_{44}，R_{45}	贴片	4	—
7	电阻	4.7 kΩ	R_{36}，R_{51}，R_{55}，R_{56}，R_{58}	贴片	5	—
8	电阻	200 Ω	R_3，R_6，R_{18}，R_{25}，R_{34}，R_{42}，R_{53}	贴片	1	—
9	电阻	360 Ω	R_1	贴片	1	—
10	贴片电容	104	C_3，C_4，C_{15} C_{18}，C_{19}	0805 贴片	5	—
11	贴片电容	103	C_{16}	0805 贴片	1	—
12	贴片电容	105	C_{17}	0805 贴片	1	—
13	三极管	8550	Q_1，Q_3，Q_9，Q_{11}	贴片	4	
14	三极管	9013	Q_5，Q_6，Q_{13}，Q_{14}，Q_{17}	贴片	5	
15	中功率三极管	B772	Q_2，Q_4，Q_{10}，Q_{12}	贴片	4	
16	中功率三极管	D882	Q_7，Q_8，Q_{15}，Q_{16}	贴片	4	

续表

序号	名称	参数	标号	封装	数量	实物图
17	LED 灯	红色，贴片	VD_3	0805 贴片	1	
18	二极管	IN4148	$VD_4 \sim VD_{11}$	贴片	8	
19	二极管	IN5819	VD_1，VD_2	贴片	2	
20	电感	8 mm	L_1	贴片	1	
21	电阻	100 kΩ	R_{49}，R_{54}	直插	1	—
22	瓷片电容	102	C_7，C_8，C_{11}，C_{12}	直插	4	—
23	瓷片电容	104	C_9，C_{13}	直插	2	—
24	瓷片电容	101	C_{10}	直插	1	—
25	电解电容	22 μF/25 V	C_6	直插	1	—
26	电解电容	220 μF/25 V	C_1，C_5	直插	2	—
27	电解电容	10 μF/25 V	C_2，C_{14}	直插	2	—
28	万向轮	—	CON_3	—	1	
29	接线端子	2 pin	CON_4	直插	1	

续表

序号	名称	参数	标号	封装	数量	实物图
30	单排针	4 pin	CON_5,CON_9	直插	2	
31	防反接线座	2 pin	CON_6	直插	1	
32	接线端子	2 pin	B_1,B_2	直插	2	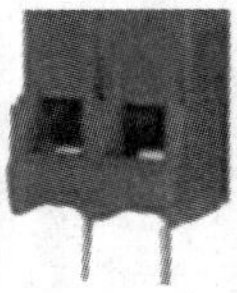
33	红外发射管	—	F_1,F_2	直插	2	
34	红外接收管	—	F_3,F_4	直插	2	
35	LED 灯	红色,3 mm	LED_1,LED_2	直插	2	
36	光耦隔离开关	TLP521-2	OP_1,OP_2	直插	4	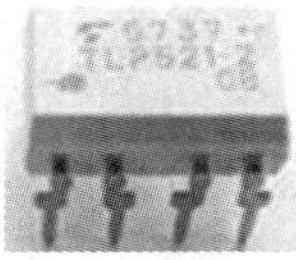
37	3296 电位器	5 kΩ	R_{p1},R_{p4},R_{p5}	直插	3	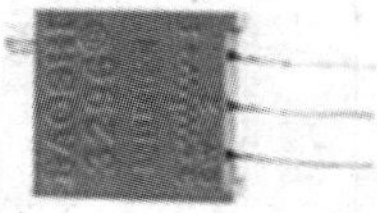

续表

序号	名称	参数	标号	封装	数量	实物图
38	3296 电位器	10 kΩ	R_{p2}，R_{p3}	直插	2	
39	拨动开关	—	S_1，S_2，S_3	直插	3	
40	光电传感器	ST188，反射式（循迹）	TR_1，TR_2	直插	2	
41	光电传感器	对射式（测速）	TR_3	直插	1	
42	电源芯片	LM2575	U_1	贴片	1	
43	集成运放	LM324	U_2	直插	1	
44	芯片座	14 脚双列	U_2	直插	1	—
45	音频锁相环	LM567	U_3	直插	1	
46	芯片座	8 脚双列	U_3	直插	1	—

作业指导书									
				文件编号:TG22-HR4918				页码	1
适用场合	电子分厂	产品系列		工序编号		标准时间		编制/日期		会签/日期	
	电子车间	产品名称	手机控制智能小车	工序名称	贴片电阻、电容、LED的焊接装配	岗位人数		审核/日期		批准/日期	

图片说明

操作步骤

(1) 清点贴片元器件的数量和型号,并与清单核对。

(2) 按照清单焊接贴片电阻,焊接要做到焊点质量高。电阻放置时,注意标示朝统一方向,且焊点无虚焊、漏焊出现,形状呈梯形。

(3) 按照清单焊接贴片电容,焊接要做到焊点质量高,且焊点无虚焊、漏焊出现,形状呈梯形。

(4) 按照清单焊接贴片 LED,焊接要做到焊点质量高。

注意:LED 正负极性与 PCB 板相对应。

自检内容

(1) 贴片电阻的装配要注意标示方向要统一,贴片电阻电容要紧贴 PCB 板、焊点无拉尖。

(2) 贴片 LED 的装配要注意正负极性与 PCB 板相对应、器件要紧贴 PCB 板、焊点无拉尖。

互检内容

无漏焊、错焊、虚焊。

注意事项

此工序需戴防静电手套操作。

物料表

物料编码	物料名称/规格	数量
	见智能小车底板元器件清单	

设备/工具

名称	型号	技术参数
焊接工具		

图 6-22　底板贴片元器件的焊接装配作业指导书(1)

<table>
<tr><td colspan="3" rowspan="2"></td><td colspan="4">作业指导书</td><td colspan="4">文件编号：TG22-HR4919</td><td>页码</td><td>2</td></tr>
<tr></tr>
<tr><td rowspan="2">适用场合</td><td>电子分厂</td><td>产品系列</td><td></td><td>工序编号</td><td></td><td>标准时间</td><td></td><td>编制/日期</td><td></td><td>会签/日期</td><td colspan="2"></td></tr>
<tr><td>电子车间</td><td>产品名称</td><td>手机控制
智能小车</td><td>工序名称</td><td>贴片三极管
的焊接装配</td><td>岗位人数</td><td></td><td>审核/日期</td><td></td><td>批准/日期</td><td colspan="2"></td></tr>
<tr><td colspan="4">图片说明</td><td colspan="5">操作步骤
（1）按照清单焊接中功率三极管，焊接要做到焊点质量高。装配时要求三极管紧贴 PCB 板，不能错焊。
（2）按照清单焊接大功率三极管，焊接要做到焊点质量高。</td><td colspan="4">自检内容
（1）中功率三极管注意区分型号，焊点不要拉尖。
（2）大功率三极管注意单独引脚可不焊接，三引脚之间不要有短路现象。
互检内容
无漏焊、错焊、虚焊。
注意事项
此工序需戴防静电手套操作。</td></tr>
</table>

物料表		
物料编码	物料名称/规格	数量
	见智能小车底板元器件清单	

设备/工具		
名称	型号	技术参数
焊接工具		

图 6-23　底板贴片元器件的焊接装配作业指导书(2)

作业指导书

适用场合	电子分厂	产品系列		工序编号		标准时间		编制/日期		会签/日期	
	电子车间	产品名称	手机控制智能小车	工序名称	贴片二极管、电源芯片的焊接装配	岗位人数		审核/日期		批准/日期	

文件编号：TG22-HR4920　页码　3

图片说明

操作步骤

(1) 按照清单焊接贴片二极管，焊接要做到焊点质量高，正负极性不要错。

(2) 按照清单焊接电源芯片，焊接要做到焊点质量高，注意单独引脚不要焊接。

(3) 按照清单焊接电感，焊接要做到焊点质量高，注意单独引脚不要焊接。

自检内容

(1) 注意二极管的极性与 PCB 板相对应。

(2) 注意电源芯片的单独引脚不要焊接，五引脚处不能有短路现象。

(3) 电感无极性。

互检内容

无漏焊、错焊、虚焊。

注意事项

此工序需戴防静电手套操作。

物料表

物料编码	物料名称/规格	数量
	见智能小车底板元器件清单	

设备/工具

名称	型号	技术参数
焊接工具		

图 6-24　底板贴片元器件的焊接装配作业指导书(3)

4. 底板分立元器件及接插元器件的焊接

底板分立元器件及接插元器件的焊接步骤如下。

(1) 按照元器件清单整理好分立元器件及接插元器件,并核对核对元器件数量,封装。

(2) 在 PCB 板上找到元器件相对应的位置。

(3) 焊接时按照先低后高的顺序将元器件焊接到 PCB 板相应位置。

(4) 先焊接色环电阻,后焊接瓷片电容、电解电容以及接插元器件。

底板分立元器件及接插元器件的焊接注意事项如下。

(1) 元器件标示可见。

(2) 元器件同方向放置。

① 色环电阻横向放置时,第一环统一向左、误差环统一向右;色环电阻纵向放置时,第一环统一向上、误差环统一向下。

② 瓷片电容放置时,标示统一面向操作者。

③ 电解电容放置时,注意器件的正负极性。

(3) 所有锡铅焊点应当有光亮、光滑的外观,并在被焊金属表面形成凹形的弯液面。

装配作业指导书如图 6-25、图 6-26、图 6-27 所示。

任务四　智能小车的总装

智能小车控制板和底板的焊接完成之后,下一步就是要把底板和控制板按照设计要求,用导线将元器件、部件之间进行电气连接,组装成具有一定功能的完整的产品,以便进行整机调整与测试。

智能小车的总装安装步骤如下。

(1) 将电动机、测速盘、车轮安装在底板上。

(2) 将小车底板与主控板用铜柱及螺钉固定。

(3) 将信号线、电源线、电动机引线调试后接入接线端子。

智能小车的总装注意事项如下。

(1) 信号线要注意安装次序。

(2) 通电试机前,再次检查 PCB 板有无短路现象。

装配作业指导书如图 6-28、图 6-29、图 6-30 所示。

<table>
<tr><td colspan="2"></td><td colspan="5">作业指导书</td><td colspan="3">文件编号：TG22-HR4921</td><td>页码</td><td>1</td></tr>
<tr><td rowspan="2">适用场合</td><td>电子分厂</td><td>产品系列</td><td></td><td>工序编号</td><td></td><td>标准时间</td><td></td><td>编制/日期</td><td></td><td>会签/日期</td><td></td></tr>
<tr><td>电子车间</td><td>产品名称</td><td>手机控制
智能小车</td><td>工序名称</td><td>接插元器件
的焊接装配</td><td>岗位人数</td><td></td><td>审核/日期</td><td></td><td>批准/日期</td><td></td></tr>
<tr><td colspan="4">图片说明</td><td colspan="5">操作步骤
按照清单焊接电阻、瓷片电容、电解电容。焊接要做到焊点质量高，要求无虚焊、漏焊、错焊现象。</td><td colspan="3">自检内容
（1）注意色环电阻紧贴 PCB 板和色环的朝向。
（2）瓷片电容的标示面向操作者。
（3）电解电容注意正负极性。
互检内容
无漏焊、错焊、虚焊。
注意事项
此工序需戴防静电手套操作。

物料表
物料编码 ｜ 物料名称/规格 ｜ 数量
｜ 见智能小车底板元器件清单 ｜

设备/工具
名称 ｜ 型号 ｜ 技术参数
焊接工具 ｜ ｜</td></tr>
</table>

图 6-25　底板接插元器件的焊接装配作业指导书(1)

<table>
<tr><td rowspan="2"></td><td colspan="5" rowspan="2">作业指导书</td><td></td><td></td><td></td><td></td><td></td></tr>
<tr><td colspan="3">文件编号：TG22-HR4922</td><td>页码</td><td>2</td></tr>
<tr><td rowspan="2">适用场合</td><td>电子分厂</td><td>产品系列</td><td></td><td>工序编号</td><td></td><td>标准时间</td><td></td><td>编制/日期</td><td></td><td>会签/日期</td><td></td></tr>
<tr><td>电子车间</td><td>产品名称</td><td>手机控制智能小车</td><td>工序名称</td><td>接插元器件的焊接装配</td><td>岗位人数</td><td></td><td>审核/日期</td><td></td><td>批准/日期</td><td></td></tr>
<tr><td colspan="4">图片说明
注意：芯片座的缺口方向与PCB板相对应。</td><td colspan="5">操作步骤
(1) 按照清单焊接集成芯片座，要求引脚间无短路，芯片缺口方向与PCB板相对应。
(2) 按照清单焊接单排针、可调电阻、拨动开关。
(3) 按照清单焊接LED二极管。</td><td colspan="3">自检内容
(1) 可调电阻的调节旋钮与PCB板相对应。
(2) 注意LED二极管的极性与PCB板相对应。
互检内容
无漏焊、错焊、虚焊。
注意事项
此工序需戴防静电手套操作。

物料表
物料编码 | 物料名称/规格 | 数量
 | 见智能小车底板元器件清单 |

设备/工具
名称 | 型号 | 技术参数
焊接工具 | | </td></tr>
</table>

图6-26　底板接插元器件的焊接装配作业指导书(2)

作业指导书						文件编号：TG22-HR4923		页码	3
适用场合	电子分厂	产品系列		工序编号		标准时间		编制/日期		会签/日期	
	电子车间	产品名称	手机控制智能小车	工序名称	接插元器件	岗位人数		审核/日期		批准/日期	

图片说明

操作步骤

（1）按照清单焊接红外发射管，采取卧式安装。

（2）按照清单焊接红外接收管，采取卧式安装，装配在PCB板的反面。

（3）按照清单焊接光电传感器，注意引脚留高度。

（4）焊接接线端子、防反插座、DC电源座、槽式光电管。

自检内容

（1）注意红外发射管的极性与PCB板相对应。

（2）注意红外接收管的极性与PCB板相对应。

（3）注意光电传感器的引脚要留高度，不要紧贴底板。

（4）注意防反插座的缺口与PCB板相对应。

（5）注意槽式光电管与PCB板留1 mm，不要紧贴底板，且注意有二极管标示的一边朝内。

互检内容

无漏焊、错焊、虚焊。

注意事项

此工序需戴防静电手套操作。

物料表

物料编码	物料名称/规格	数量
	见智能小车底板元器件清单	

设备/工具

名称	型号	技术参数
焊接工具		

图6-27　底板接插元器件的焊接装配作业指导书(3)

<table>
<tr><td colspan="2"></td><td colspan="5">作业指导书</td><td colspan="3">文件编号：TG22-HR4924</td><td>页码</td><td>1</td></tr>
<tr><td rowspan="2">适用场合</td><td>电子分厂</td><td>产品系列</td><td></td><td>工序编号</td><td></td><td>标准时间</td><td></td><td>编制/日期</td><td></td><td>会签/日期</td><td></td></tr>
<tr><td>电子车间</td><td>产品名称</td><td>手机控制
智能小车</td><td>工序名称</td><td>总装</td><td>岗位人数</td><td></td><td>审核/日期</td><td></td><td>批准/日期</td><td></td></tr>
<tr><td colspan="4">图片说明</td><td colspan="5">操作步骤
（1）将底板两边的固定板剪下。
（2）将电动机的引线处理好。
（3）用固定板及长螺钉将电动机固定在底板上。</td><td colspan="3">自检内容
注意电动机一定要固定牢固。
互检内容
无漏焊、错焊、虚焊。
注意事项
此工序需戴防静电手套操作。

物料表
物料编码 | 物料名称/规格 | 数量

设备/工具
名称 | 型号 | 技术参数
焊接工具 | | </td></tr>
</table>

图 6-28 总装装配作业指导书(1)

作业指导书										
						文件编号:TG22-HR4925			页码	2
适用场合	电子分厂	产品系列		工序编号		标准时间		编制/日期	会签/日期	
	电子车间	产品名称	手机控制智能小车	工序名称	总装	岗位人数		审核/日期	批准/日期	

图片说明

操作步骤

(1) 将测速码盘固定在右侧电动机上。

(2) 将车轮固定在两侧电动机上,将电动机引线安装到接线端子上。

(3) 用短螺钉及螺母将万向轮固定在底板上。

自检内容

注意电动机引线接正确的接线端子。

互检内容

无漏焊、错焊、虚焊。

注意事项

此工序需戴防静电手套操作。

物料表

物料编码	物料名称/规格	数量

设备/工具

名称	型号	技术参数
焊接工具		

图 6-29　总装装配作业指导书(2)

作业指导书								
文件编号：TG22-HR4926							页码	3
适用场合	电子分厂	产品系列		工序编号		标准时间		编制/日期		会签/日期	
	电子车间	产品名称	手机控制智能小车	工序名称	总装	岗位人数		审核/日期		批准/日期	

图片说明

操作步骤

（1）将电池盒用螺钉固定在底板上，并将电池盒电源引线正确接入接线端子。

（2）将杜邦线插装到 CON_5、CON_9 处，将电源信号线接到 CON_6 处。

（3）用长铜柱、螺钉、螺母将控制板和底板固定。

自检内容

（1）电池盒的电源引线接入接线端子时，要注意正负极性。

（2）将电源信号线的另一端接到控制板的 P_3 处。

（3）杜邦线按装配要求正确连接到控制板上。

互检内容

无漏焊、错焊、虚焊。

注意事项

此工序需戴防静电手套操作。

物料表

物料编码	物料名称/规格	数量

设备/工具

名称	型号	技术参数
焊接工具		

图6-30　总装装配作业指导书(3)

任务五　智能小车的调试

智能小车总装完成之后，接下来通过调试观察智能小车功能是否正常。智能小车具有蓝牙、寻迹、避障、声控、光控功能，如表6-3所示。

表6-3　蓝牙、寻迹、避障、声控、光控功能设置表

图示	功能	通过何种器件实现	器件图示
 ON DIP 1 2 3 4	蓝牙控制状态 0000	蓝牙模块	
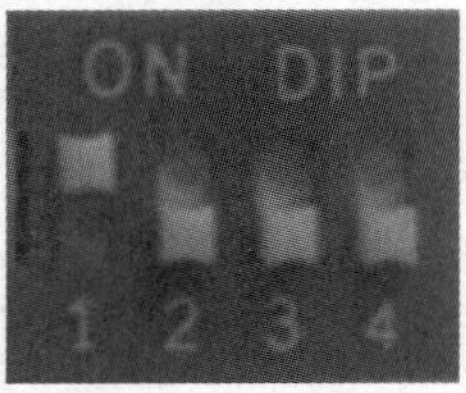 ON DIP 1 2 3 4	寻迹功能状态 1000	光电传感器	
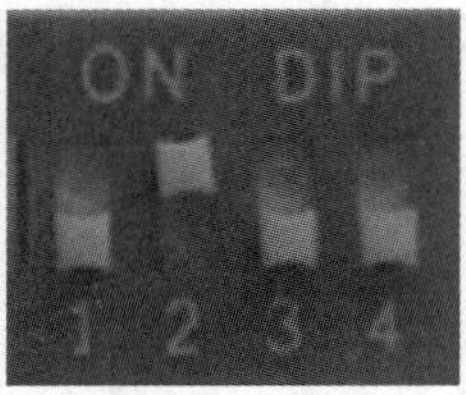 ON DIP 1 2 3 4	避障功能状态 0100	红外发射、接收管	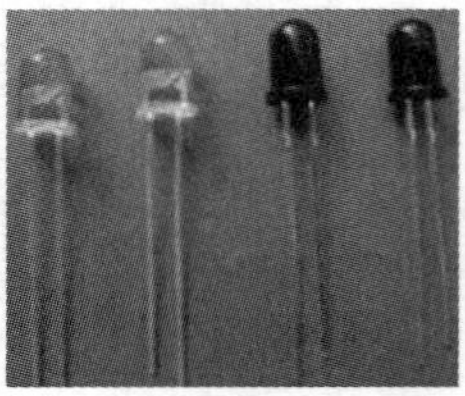
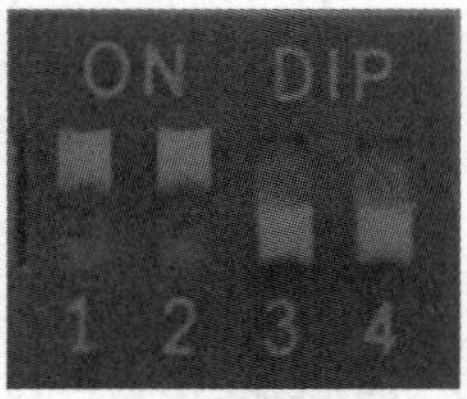 ON DIP 1 2 3 4	声控功能状态 1100	驻极体话筒	
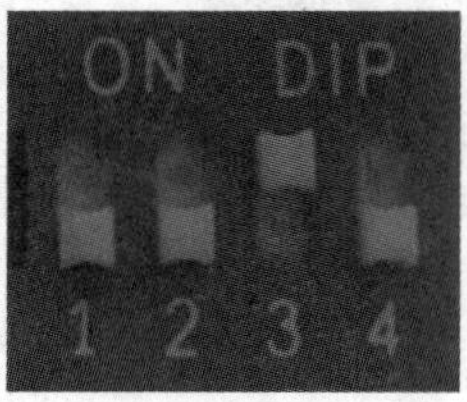 ON DIP 1 2 3 4	光控功能状态 0010	光敏电阻	

下面着重介绍蓝牙控制小车功能的步骤。

1. 手机控制智能小车功能调试步骤

手机控制智能小车功能调试分为以下几个步骤。

(1) 智能小车通电，测量电动机电路中的 A、B、C、D 点的对地电压值，注意电压值测量时不要将电动机引线接入接线端子。

本次的手机控制智能小车采用了两路电动机来控制小车的运动，电路如图 6-31 所示。

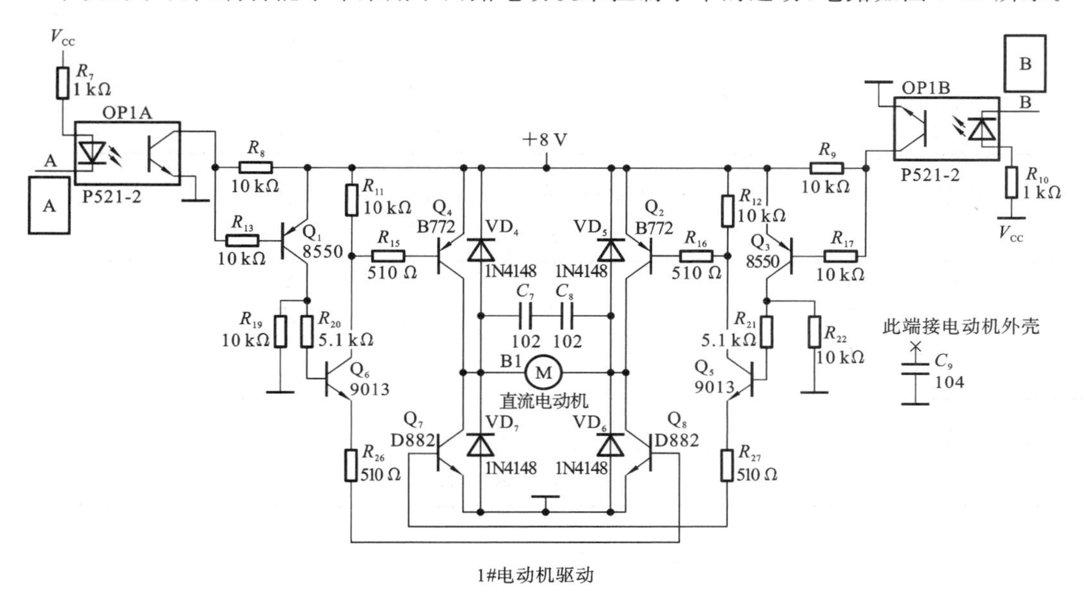

(a) 1#电动机的调试

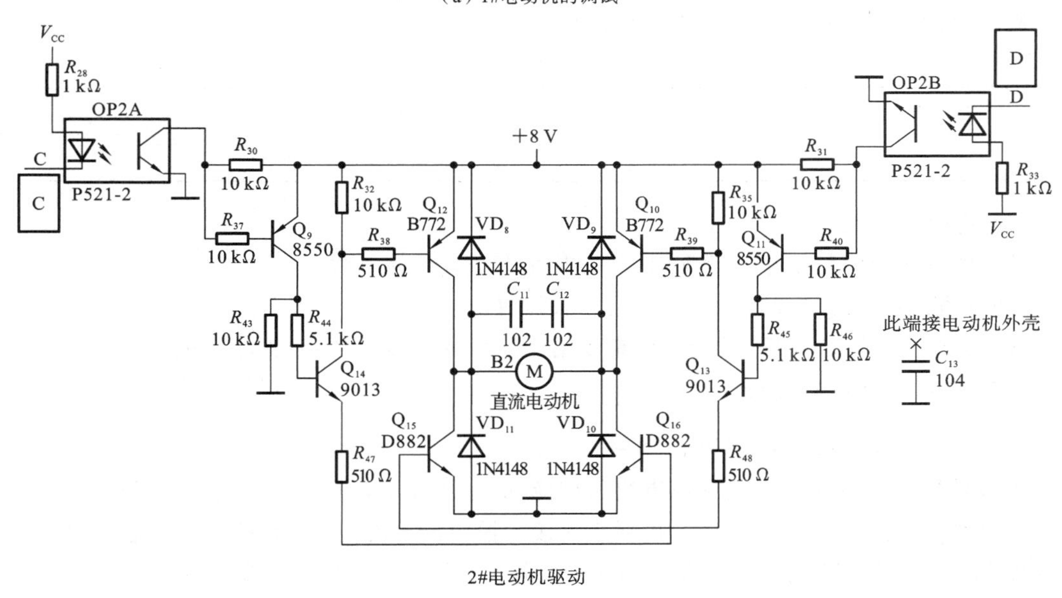

(b) 2#电动机的调试

图 6-31 电动机驱动电路图

(2) 如测得四点对地电压值均为 8.8 V 左右，说明智能小车的电动机电路工作正常。

(3) 关闭智能小车电源，将单片机相应的 I/O 口通过杜邦线与电动机驱动电路相连，单片机与电动机驱动电路相连，如表 6-4 所示。

表 6-4 单片机与电动机驱动电路相连表（蓝牙控制）

单片机 I/O 口	电动机驱动电路连接点
P1.0	CON_5 的 1 脚 （A 处）
P1.1	CON_5 的 2 脚 （B 处）
P1.2	CON_5 的 3 脚 （C 处）
P1.3	CON_5 的 4 脚 （D 处）

寻迹电路的输出信号需接入单片机的相应 I/O 口，如表 6-5 所示。

表 6-5 寻迹电路连接表

单片机 I/O 口	电动机驱动电路
P1.4	CON_9 的 1 脚 （E 处）
P1.5	CON_9 的 2 脚 （F 处）

测速电路的输出信号需接入单片机的相应 I/O 口，如表 6-6 所示。

表 6-6 测速电路连接表

单片机 I/O 口	电动机驱动电路
P3.2	CON_9 的 3 脚 （G 处）

避障电路的输出信号需接入单片机的相应 I/O 口，如表 6-7 所示。

表 6-7 避障电路连接表

单片机 I/O 口	电动机驱动电路
P1.6	CON_9 的 4 脚 （H 处）

(4) 将小车通电。

(5) 将手机蓝牙与小车蓝牙配对，并安装小车蓝牙控制软件。

(6) 安装小车蓝牙控制软件，并进行相关设置。

(7) 操控手机蓝牙软件，发送相应指令给小车蓝牙接收模块，观察小车的运行情况。

2. 安装小车蓝牙控制软件

1) 将手机与蓝牙接收模块进行配对

将蓝牙接收模块插入主控制板模块的相应插口，上电，蓝牙接收模块的 LED 开始闪烁，打开手机蓝牙功能，搜寻蓝牙设备，找到蓝牙接收模块后与之配对，配对时需要输入 PIN 码，默认为 1234 或 123456，输入正确后点击确认，此步骤即完成，如图 6-32 所示。

2) 设置手机蓝牙软件

设置手机蓝牙软件分以下几个步骤。

(1) 安装手机蓝牙软件 Joy BT Commander，安装完成后打开软件，点击手机左侧菜单键，选择 Options，如图 6-33 所示。

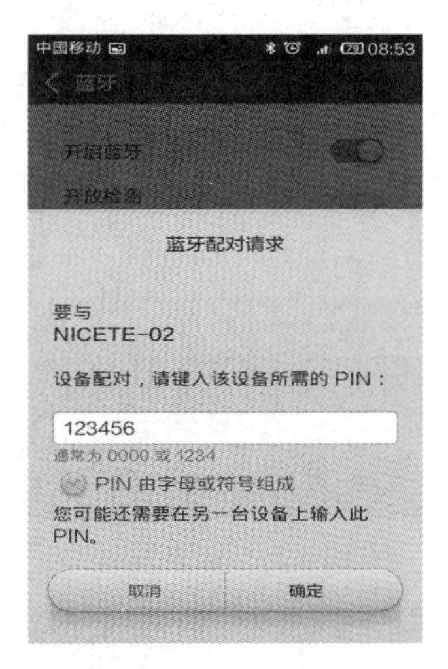

图 6-32　手机与蓝牙接收模块进行配对图

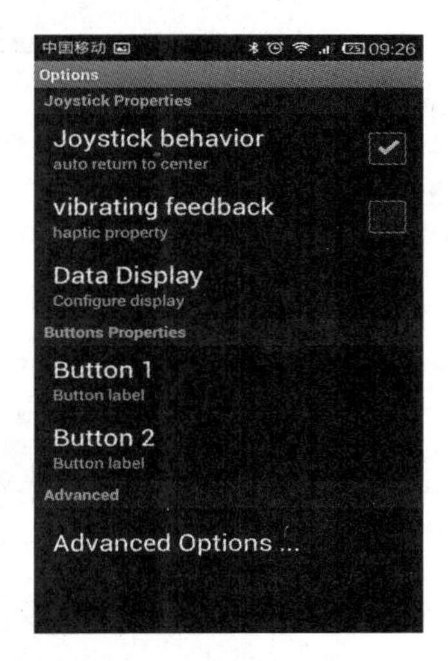

图 6-33　设置手机蓝牙软件

(2) 选择 Button 1 label，将 on 修改为加速，点击确认后再选择 Button 2 name，将 off 修改为减速，点击确认，如图 6-34、图 6-35 所示。

图 6-34　设置加速

图 6-35　设置减速

(3) 选择 Advanced Options，再选择 Timeout count，进入子菜单后选择 off，如图 6-36 所示。

完成后再选择 Set Data range，进入子菜单后选择"－10to＋10"，如图 6-37 所示。

完成后再选择 Button 1 data，进入子菜单后将数据更改为 ff，如图 6-38 所示。

完成后再选择 Button 2 data，进入子菜单后将数据更改为 dd，如图 6-39 所示。

至此，软件的设置完毕，退出菜单，回到主界面，界面左下角提示的 not connected，表明此时软件未与蓝牙接收模块相连，如图 6-40 所示。

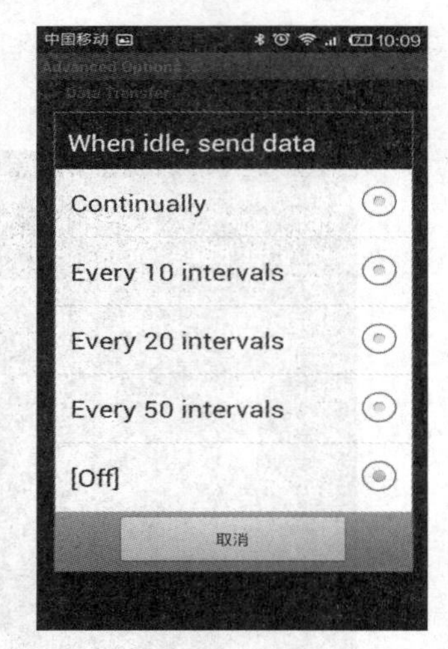

图 6-36　设置图一

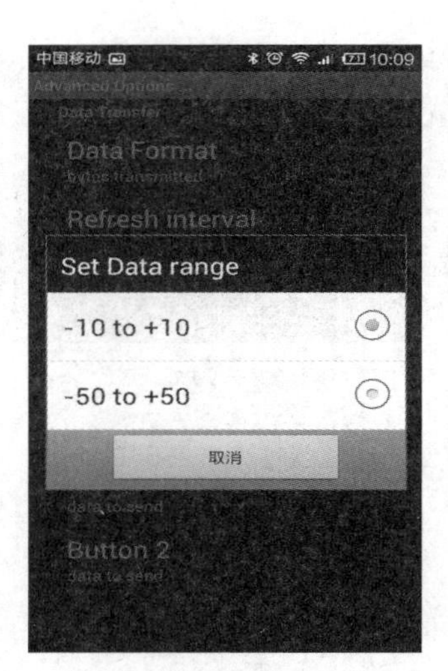

图 6-37　设置图二

图 6-38　设置图三

图 6-39　设置图四

3）将手机蓝牙软件与蓝牙接收模块连接

在软件主界面下点击手机左侧菜单键，选择 connect，选择蓝牙接收模块进行连接，如图 6-41 所示。

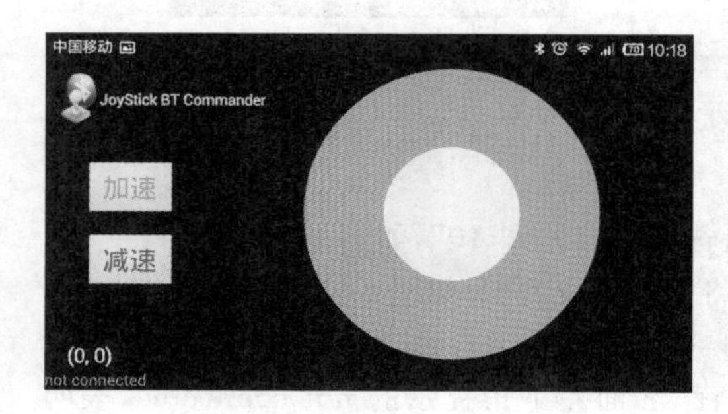

图 6-40　设置图五

图 6-41　设置图六

连接后，主界面左下角显示的 connected to：NICETE-02，表明此时手机软件已经与蓝牙接收模块连接，如图 6-42 所示。

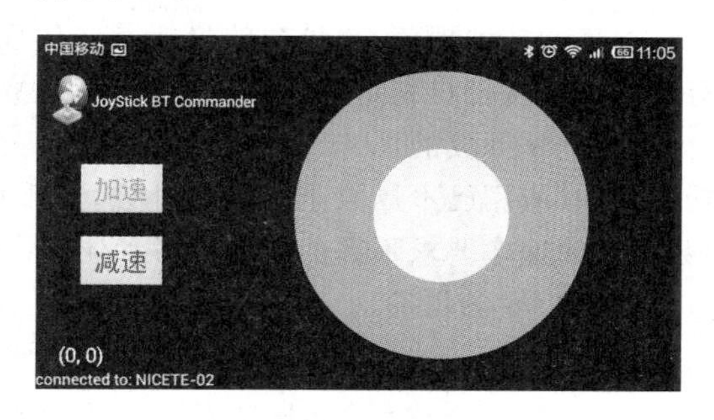

图 6-42 设置图七

此时，操控软件界面右边的摇杆或者点击左边的加速、减速即可发数据给蓝牙接收模块，蓝牙接收模块将数据转发给单片机，单片机处理后将电平信号通过杜邦线传送到电动机驱动电路，即实现了手机蓝牙控制小车的功能。

知识链接一 蓝 牙 技 术

蓝牙(bluetooth)是由世界著名的 5 大公司——爱立信(Ericsson)、诺基亚(Nokia)、东芝(Toshiba)、国际商用机器公司(IBM)、英特尔(Intel)在 1998 年 5 月联合宣布的一种无线通信新技术。目前使用较为广泛的近距离无线通信技术是蓝牙、无线局域网和红外数据传输。应用红外数据传输技术虽然能够免去电线或电缆的连接，但是用起来有许多不便，不仅距离只限于 1～2 m，而且在实现上必须直接对准，中间不能有任何阻挡，同时仅限于在两个设备之间进行连接，不能同时连接更多的设备。无线局域网技术则侧重于通过无线与互联网进行连接。而蓝牙技术的目的是利用短距离(1～10 m)、低成本的无线通信技术在小范围内让两个设备之间传输数据。图 6-43 所示的为蓝牙图标。

图 6-43 蓝牙图标

利用蓝牙技术，能够有效地简化电脑、笔记本电脑、手机等移动通信设备之间的通信，也能够成功地简化以上这些设备与因特网之间的通信，从而使这些现代通信设备与因特网之间的数据传输变得更加迅速、高效，为无线通信拓宽道路。蓝牙技术使得现代一些可携带的移动通信设备和电脑设备不必借助电线或电缆就能联网，并且能够实现无线上网，其实际应用范围还可以拓展到各种家电产品、消费电子产品和汽车等，组成一个巨大的无线通信网络。

蓝牙技术规定每一对设备之间进行蓝牙通信时，必须一个为主角色，另一为从角色，才能进行通信。通信时，必须由主端进行查找，发起配对，建联成功后，双方即可收发数据。理论上，一个蓝牙主端设备，可同时与 7 个蓝牙从端设备进行通信。一个具备蓝牙通信功能的设备，可以在主从两个角色间切换。一个平时工作在从模式的设备，可以等待其他主设备来连接，需要时，这个设备也可以转换为主模式，向其他设备发起呼叫。一个蓝牙设备以主模式发起呼叫时，需要知道对方的蓝牙地址，配对密码等信息，配对完成后，可直接发起呼叫。

蓝牙是一种短距离无线通信的技术规范，它最初的目标是取代现有的掌上电脑、移动电话等各种数字设备上的有线电缆连接。在制定蓝牙规范之初，就建立了统一全球的目标，向全球公开发布，工作频段为全球统一开放的2.4 GHz工业、科学和医学频段。从目前的应用来看，由于蓝牙体积小、功率低，其应用已不局限于计算机外设，几乎可以被集成到任何数字设备之中，特别是那些对数据传输速率要求不高的移动设备和便携设备。

蓝牙技术的主要特点可归纳为如下几条。

1）全球范围适用

蓝牙工作在2.4 GHz的ISM频段，全球大多数国家ISM频段的范围是2.4～2.4835 GHz。

2）同时传输语音数据

蓝牙采用电路交换和分组交换技术，支持异步数据信道、三路语音信道以及异步数据与同步语音同时传输的信道。

3）可建立临时对等连接

主设备是组网连接主动发起连接请求的蓝牙设备，几个蓝牙设备连接成一个网络时，其中只有一个主设备，其余的均为从设备。

4）近距离通信

蓝牙技术通信距离为10 m，可根据需要扩展至100 m，以满足不同设备的需要。

5）很好的抗干扰能力和安全性

蓝牙采用了跳频方式来扩展频谱，抵抗来自其他设备的干扰，并且还提供了认证和加密功能，以保证通信安全。

6）功耗低体积小

蓝牙设备在通信连接（connection）状态下，有四种工作模式：激活（active）模式、呼吸（sniff）模式、保持（hold）模式、休眠（park）模式。激活模式是正常的工作状态，另外三种模式是为了节能而规定的低功耗模式。

知识链接二　单片机与PC机的串行通信

1. 串行通信

串行通信是指通信的发送方和接收方之间数据信息的传输在单根数据线上，以每次一个二进制位移动。它的优点是只需一对传输线进行传送信息，因此成本低，适用于远距离通信。它的缺点是传送速度低。串行通信有异步通信和同步通信，同步通信适用于传送速度高的情况，其硬件复杂，而异步通信应用于传送速度在50～19200 Bd之间，是比较常用的传送方式。在异步通信中，数据是一帧一帧传送的，每一串行帧的数据格式由一位起始位、5～8位的数据位、一位奇偶校验位（可省略）和一位停止位四部分组成。在串行通信前，发送方和接收方要约定具体的数据格式和波特率（通信协议），PC机采用可编程串行异步通信控制器 8250 来实现异步串行通信，通过对 8250 的初始化编程，可以控制串行数据传送格式和速度。在 PC 机中一般有两个标准 RS-232C 串行接口 COM_1 和 COM_2，MCS-51 系列单片机片内含有一个全双工的串行接口，通过编程也可实现串行通信功能。

2. RS-232C 标准

RS-232C 是美国电子工业协会(EIA)正式公布的在异步串行通信中应用最广的标准总线。该标准适用于 DCE 和 DTE 间的串行二进制通信，最高数据传送速率可达 19.2 kb/s，最长传送电缆可达 15 m。RS-232C 标准定义了 25 根引线，对于一般的双向通信，只需使用串行输入 RXD，串行输出 TXD 和地线 GND。RS-232C 标准的电平采用负逻辑，规定 3～15 V 之间的任意电平为逻辑 0 电平，－15～－3 V 之间的任意电平为逻辑 1 电平，与 TTL 和 CMOS 电平是不同的。在接口电路和计算机接口芯片大都为 TTL 或 CMOS 电平，所以在通信时，必须进行电平转换，以便与 RS-232C 标准的电平匹配，MAX232 芯片可以完成电平转换。

3. MAX232 芯片简介

MAX232 芯片是美信(MAXIM)公司专为 RS-232C 标准串口设计的单电源电平转换芯片，可以把输入的＋5 V 电源变换成 RS-232C 输出电平所需的 10 V 电压，所以采用此芯片接口的串行通信系统只要单一的＋5 V 电源就可以。

MAX232 芯片外形如图 6-44(a)所示，引脚排列如图 6-44(b)所示。

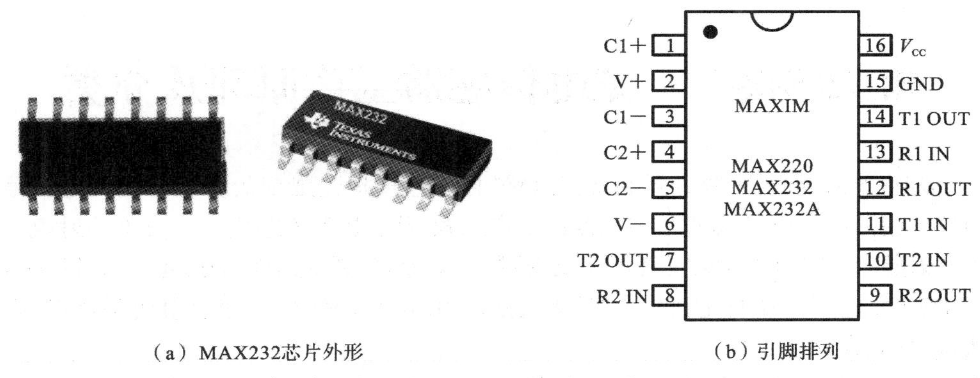

(a) MAX232芯片外形　　(b) 引脚排列

图 6-44　MAX232 芯片外形、引脚排列

MAX232 芯片引脚功能如下。

(1) 第一部分是电荷泵电路，由 1、2、3、4、5、6 脚和 4 只电容构成。功能是产生＋12 V 和－12 V 两个电源，提供 RS-232C 串口电平的需要。

(2) 第二部分是数据转换通道，由 7、8、9、10、11、12、13、14 脚构成两个数据通道。其中 13 脚(R1 IN)、12 脚(R1 OUT)、11 脚(T1 IN)、14 脚(T1 OUT)为第一数据通道。8 脚(R2 IN)、9 脚(R2 OUT)、10 脚(T2 IN)、7 脚(T2 OUT)为第二数据通道。TTL/CMOS 数据从 11 脚(T1 IN)、10 脚(T2 IN)输入转换成 RS-232C 数据从 14 脚(T1 OUT)、7 脚(T2 OUT)送到电脑 DB9 插头，DB9 插头的 RS-232C 数据从 13 脚(R1 IN)、8 脚(R2 IN)输入转换成 TTL/CMOS 数据后从 12 脚(R1 OUT)、9 脚(R2 OUT)输出。

(3) 第三部分是供电。15 脚 GND、16 脚 V_{CC}(＋5 V)。

4. 串行接口电路

采用 MAX232 接口的硬件接口电路如图 6-45 所示，选用其中一路发送/接收，R1 OUT 接 MCS-51 的 RXD，T1 IN 接 MCS-51 的 TXD，T1 OUT 接 PC 机的 RD，R1 IN 接 PC 机的 TD，因为 MAX232 具有驱动能力，所以不需要外加驱动电路。

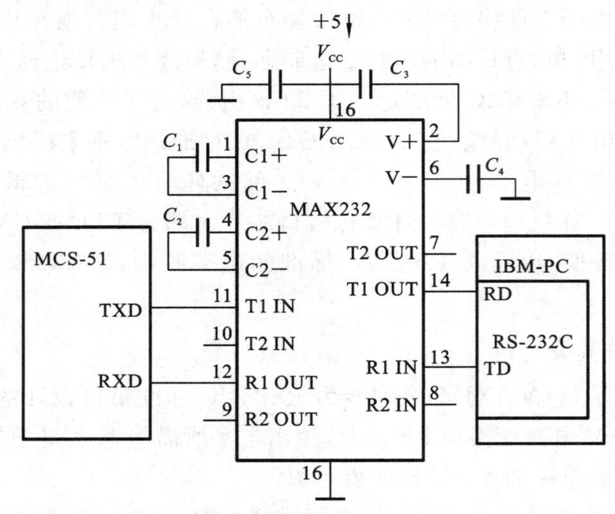

图 6-45 采用 MAX232 的接口电路

知识链接三 光电传感器工作原理及分类

光电传感器由发光器、收光器和检测电路组成，通过把光强度的变化转换成电信号的变化来实现控制的。光电开关的结构元器件中有三角反射板和光导纤维。三角反射板是结构牢固的发射装置，它由很小的三角锥体反射材料组成，能够使光束准确地从反射板中返回，具有实用意义，它可以在与光轴 0°～25°的范围内改变发射角，使一根发射线经反射后，几乎还是从这根反射线返回。

发光器对准目标发射光束，发射的光束一般来源于半导体光源、激光二极管、LED 及红外发射二极管。光束不间断地发射，或者改变脉冲宽度。收光器由光电池、光电二极管、光电三极管组成。在收光器的前面，装有光学元器件，如光圈和透镜等，检测电路，它能滤出有效信号并应用这个信号。

光电传感器一般分为槽型光电开关、对射型光电开关、反光板反射型光电开关、扩散反射型光电开关这四种开关类型的光电传感器。

1. 槽型光电开关

把一个发光器和一个收光器面对面地装在一个槽的两侧的是槽形光电开关。发光器能发出红外光或可见光，在无阻情况下收光器能收到光，但当被检测物体从槽中通过时，光被遮挡，光电开关便动作，输出一个开关控制信号，切断或接通负载电流，从而完成一次控制动作。槽形开关的检测距离因为受整体结构的限制一般只有几厘米。

2. 对射型光电开关

若把发光器和收光器分离开，就可使检测距离加大。由一个发光器和一个收光器组成的光电开关就称为对射分离式光电开关，简称对射型光电开关。它的检测距离可达几米乃至几十米。使用时把发光器和收光器分别装在检测物通过路径的两侧，检测物通过时阻挡光路，收光器就动作，输出一个开关控制信号。

3. 反光板反射型光电开关

把发光器和收光器装入同一个装置内，在它的前方装一块反光板，利用反射原理完成光电控制作用的称为反光板反射型(或反射镜反射型)光电开关。正常情况下，发光器发出的光被反光板反射回来，被收光器收到光信号，一旦光路被检测物挡住，收光器收不到光时，光电开关就动作，输出一个开关控制信号。

4. 扩散反射型光电开关

检测头里装有一个发光器和一个收光器，但前方没有反光板。正常情况下发光器发出的光收光器是找不到的，当检测物通过时挡住了光，并把光部分反射回来，收光器就收到光信号，输出一个开关信号。

项目小结

本项目以装配手机控制智能小车任务为引领，通过工艺卡片介绍整个制作过程，包括具体的操作步骤、工艺要求、焊接质量、注意事项、自检互检等，让学生可以轻松按照卡片完成蓝牙控制智能小车的装配和调试方法，训练学生装配与调试电子产品的技能，同时在动手实践过程中，还学习了相关理论知识。

蓝牙技术，能够有效地简化电脑、笔记本电脑、手机等移动通信设备之间的通信，也能够成功地简化以上这些设备与因特网之间的通信，从而使这些现代通信设备与因特网之间的数据传输变得更加迅速、高效，为无线通信拓宽道路。蓝牙技术使得现代一些可携带的移动通信设备和电脑设备不必借助电线或电缆就能联网，并且能够实现无线上网，其实际应用范围还可以拓展到各种家电产品、消费电子产品和汽车产品等，组成一个巨大的无线通信网络。

本次制作的智能小车是以 STC12C5A60S2 为主控制器，并由手机发送蓝牙无线信号来进行控制的。智能小车使用两轮驱动，在行驶过程中，采用双极式 H 型 PWM 脉宽调制技术实现快速、平稳地调速，通过红外光电传感器实现自动避障、自动寻迹等功能，通过透射式光电传感器计量轮子旋转的圈数(也就是脉冲数)实现速度检测功能，通过蓝牙无线遥控来控制小车的行驶状态。

传感型机器人又称为外部受控机器人。传感型机器人的本体上没有智能单元，只有执行机构和感应机构，它具有利用传感信息(包括视觉、听觉、触觉、接近觉、力觉和红外、超声及激光等)进行传感信息处理，实现控制与操作的能力。传感型机器人受控于外部计算机或遥控设备，在外部计算机或遥控设备上具有智能处理单元，处理由受控机器人采集的各种信息以及机器人本身的各种姿态和轨迹等信息，然后发出控制指令，指挥机器人的动作。

【考核与评价】

(1) 理解电路工作原理，利用测量仪器测量电路参数及相关数据。

(2) 掌握电子产品的整机装配与调试、故障现象的分析。

(3) 自评互评，填写如表 6-8 所示的自评互评表。

表 6-8　自评互评表

班级		姓名	学号	组别	
项目	考核要求	配分	评分标准	自评分	互评分
元器件的识别	按要求对所有元器件进行识别	20	元器件识别错误，每个扣 2 分		
元器件成型、插装与排列	(1)元器件按工艺要求成型。 (2)元器件符合插装工艺要求。 (3)元器件排列整齐、标示方向一致	20	(1)成型不合要求，每处扣 1 分。 (2)插装位置、工艺不合要求，每处扣 2 分。 (3)排列、标示不合理，每处扣 3 分		
导线连接	(1)导线挺直、紧贴 PCB 板。 (2)板上的连接线呈直线或直角，且不能相交	10	(1)导线弯曲、拱起，每处扣 2 分。 (2)连线弯曲、不直，每处扣 2 分。 (3)连接线相交，每处扣 2 分		
焊接质量	(1)焊点均匀、光滑、一致，无毛刺、无假焊等现象。 (2)焊点上引脚不能过长	20	(1)有搭锡、假焊、虚焊、漏焊、焊盘脱落等现象，每处扣 2 分。 (2)出现毛刺、焊料过多或过少、焊接点不光滑、引脚过长等现象，每处扣 2 分		
电路调试	(1)工作是否正常。 (2)连线正确	20	(1)不按要求进行调试，扣 1～5 分。 (2)调试结果不正常，扣 5～20 分		
安全文明操作	严格遵守安全操作规程、工作台上工具排放整齐、符合“6S”管理要求	10	违反安全操作、工作台上脏乱、不符合“6S”管理要求，酌情扣 3～10 分		
反思记录（附加 10 分）	项目		记录		
	故障排除	3			
	你会做的	2			
	你能做的	2			
	任务创新方案	3			
合计		100＋10			

学生交流改进总结：

教师签名：

课后练习

1. 请简述三种短距离无线通信技术。
2. 请描述智能小车避障功能原理。
3. 请简述智能机器人的三种类型。

参考文献

[1] 胡峥.电子产品结构与工艺[M].北京:高等教育出版社,2012.
[2] 胡峥.电子产品装配及工艺[M].北京:高等教育出版社,2015.
[3] 谭浩强.C程序设计[M].4版.北京:清华大学出版社,2010.
[4] 张修达.电子整机装配实习[M].北京:高等教育出版社,2012.
[5] 常用C语言用法速查手册编写组.常用C语言用法速查手册[M].北京:龙门书局,1995.
[6] 万少华.电子产品结构与工艺[M].北京:北京邮电大学出版社,2008.
[7] 中国电子技术标准化研究所.SJ/T 11364-2006 电子信息产品污染控制标示要求.2006.
[8] 中国电子技术标准化研究所.SJ/T 11365-2006 电子信息产品有毒有害物质的检测方法.2006.
[9] 中国电子技术标准化研究所.SJ/T 11363-2006 电子信息产品中有毒有害物质限量要求.2006.
[10] 国际电子工业联接协会.IPC J-STD-001 焊接的电气与电子组件要求.2014.
[11] 国际电子工业联接协会.IPC-A-610 电子组件的可接受性.2014.